ポケット図鑑
日本の淡水魚
258

松沢陽士 著

松浦啓一 監修

文一総合出版

水が豊かな日本に住む私たちにとって、川や湖沼といった淡水域はとても身近な環境です。そして、そこに暮らす「淡水魚」もまた身近な生物です。街中を流れる川で魚が泳ぐ姿を見たことがある人は、きっと多いことでしょう。

　淡水魚は海水魚と同様、古来より重要な食糧資源として利用されてきました。しかし、淡水魚と人のかかわりは何も「食」だけではありません。釣り人たちは急峻な地形の中を流れる源流までイワナを追いかけ、そして湖ではウキに現れるわずかな"あたり"をとらえて、ゲンゴロウブナ（ヘラブナ）を釣り上げます。また、タナゴの仲間やメダカを飼育する愛好家、家の近所を流れる小川で、親子で魚捕りを楽しむ人たちもいることでしょう。

　このように、私たちの生活のすぐそばにいる淡水魚ですが、近年、多くの種が減少傾向にあります。中には絶滅が心配されるほど少なくなり、危機的な状況にあるものもいます。その原因は、護岸工事や川の直線化、そして池や水路の埋め立てによる生息環境の悪化と消失です。さらに小魚を主な餌とするオオクチバスやコクチバス、ブルーギルといった外来魚が増えたことも、淡水魚の減少に拍車をかけています。

　このような状況に歯止めをかけるには、やはり多くの人たちに淡水魚、そしてそれを取り巻く河川環境に興味をもってもらう必要があります。まずは身近な川に出かけ、淡水魚を観察してみましょう。そのとき、この本が識別や観察の一助になれば幸いです。

■目次

各部の名称	004
海洋区分と湖沼名・水系名	005
淡水魚が暮らす環境	008
本書の使い方	010
用語解説	012
体形による簡易検索	014

淡水魚の保護対策	300
和名索引	303
参考文献	314

コラム

小さな違いが新種発見につながる?!	086
放流は淡水魚の保護につながるか?	173

図鑑ページ

ヤツメウナギ科	020
イセゴイ科	024
ウナギ科	025
カタクチイワシ科	027
コイ科	028
ドジョウ科	095
ギギ科	114
ナマズ科	118
アカザ科	122
ヒレナマズ科	123
アメリカナマズ科	124
キュウリウオ科	125
アユ科	128
シラウオ科	131
サケ科	132
タウナギ科	159
トゲウオ科	160
ヨウジウオ科	165
ボラ科	167
トウゴロウイワシ科	170
カダヤシ科	171
メダカ科	174
サヨリ科	178
コチ科	180
カジカ科	181
アカメ科	186
タカサゴイシモチ科	187

ケツギョ科	188
スズキ科	189
サンフィッシュ科	192
テンジクダイ科	197
アジ科	198
ヒイラギ科	200
フエダイ科	202
クロサギ科	203
タイ科	206
キス科	208
ヒメツバメウオ科	209
テッポウウオ科	210
カワスズメ科	211
シマイサキ科	214
ユゴイ科	216
イソギンポ科	218
ツバサハゼ科	219
ドンコ科	220
カワアナゴ科	222
ハゼ科	229
クロホシマンジュウダイ科	285
アイゴ科	286
カマス科	287
ゴクラクギョ科	288
タイワンドジョウ科	290
カレイ科	293
フグ科	295

■各部の名称

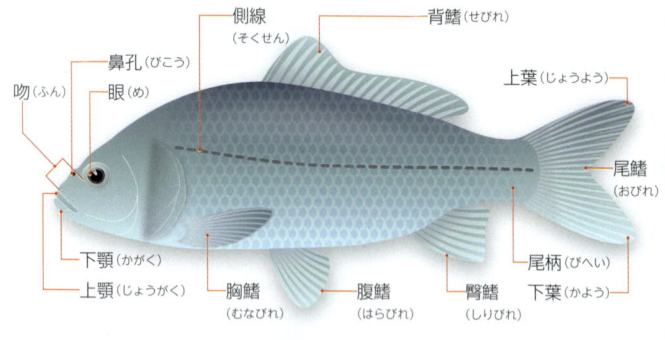

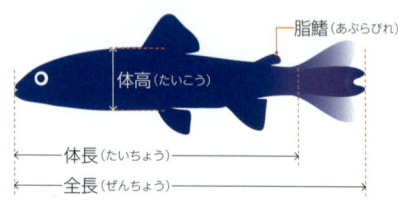

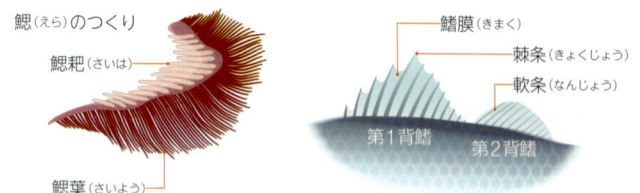

※魚の横帯・縦帯は、頭を上にしてぶら下げた状態で見るので、通常の泳いでいる姿勢とは縦横が逆になる。

■ 海洋区分と湖沼名・水系名

上図（世界地図）

- アムール川
- カムチャツカ
- アラスカ州
- 香港
- 沿海州
- ベーリング海
- カナダ
- 海南島
- サハリン
- 北部太平洋
- 長江
- 千島列島
- カリフォルニア州
- ベトナム
- 小笠原諸島
- 大西洋
- ラオス
- 西部太平洋
- マリアナ諸島
- ハワイ
- モルジブ諸島
- アンダマン海
- 中部太平洋
- チャゴス諸島
- ガラパゴス諸島
- 西部インド洋
- 東部インド洋
- サモア諸島
- 東部太平洋
- インド洋
- インド・西太平洋
- インド・太平洋

下図（日本周辺図）

- 宗谷海峡
- 択捉海峡
- オホーツク海
- 北海道
- 渤海
- 富山湾
- 佐渡島
- 日本海
- 黄海
- 朝鮮半島
- 若狭湾
- 淡路島
- 東京湾
- 小豆島
- 房総半島
- 対馬海峡
- 対馬
- 伊豆大島
- 壱岐
- 伊豆諸島
- 駿河湾
- 相模湾
- 紀伊半島
- 東シナ海
- 五島列島
- 福江島
- 太平洋
- 琉球列島
- 奄美大島
- 台湾
- 南日本
- 小笠原諸島
- 南シナ海
- 沖縄島
- 八重山諸島

■海洋区分と湖沼名・水系名

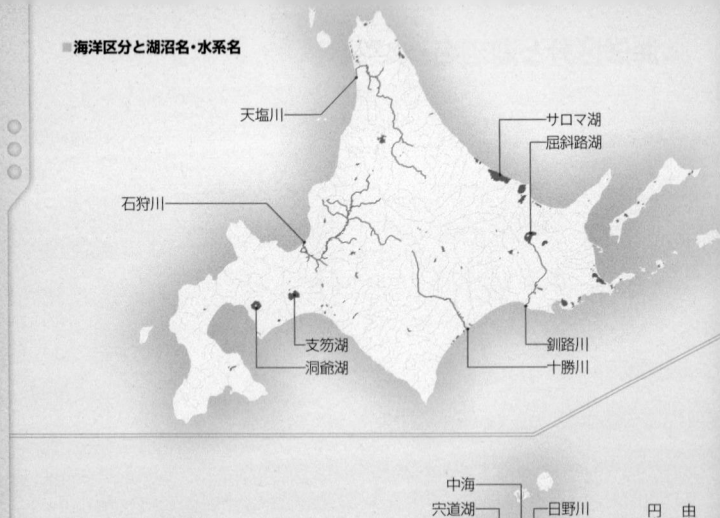

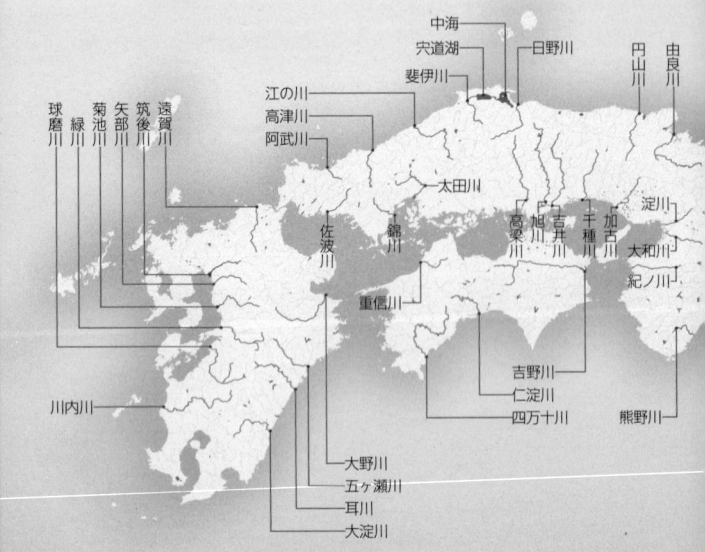

天塩川
サロマ湖
屈斜路湖
石狩川
支笏湖
洞爺湖
釧路川
十勝川

中海
宍道湖
日野川
円山川
由良川
江の川
高津川
斐伊川
阿武川
球磨川
緑川
菊池川
矢部川
筑後川
遠賀川
太田川
淀川
高梁川
旭川
吉井川
加古川
千種川
大和川
紀ノ川
佐波川
錦川
重信川
吉野川
仁淀川
四万十川
熊野川
川内川
大野川
五ヶ瀬川
耳川
大淀川

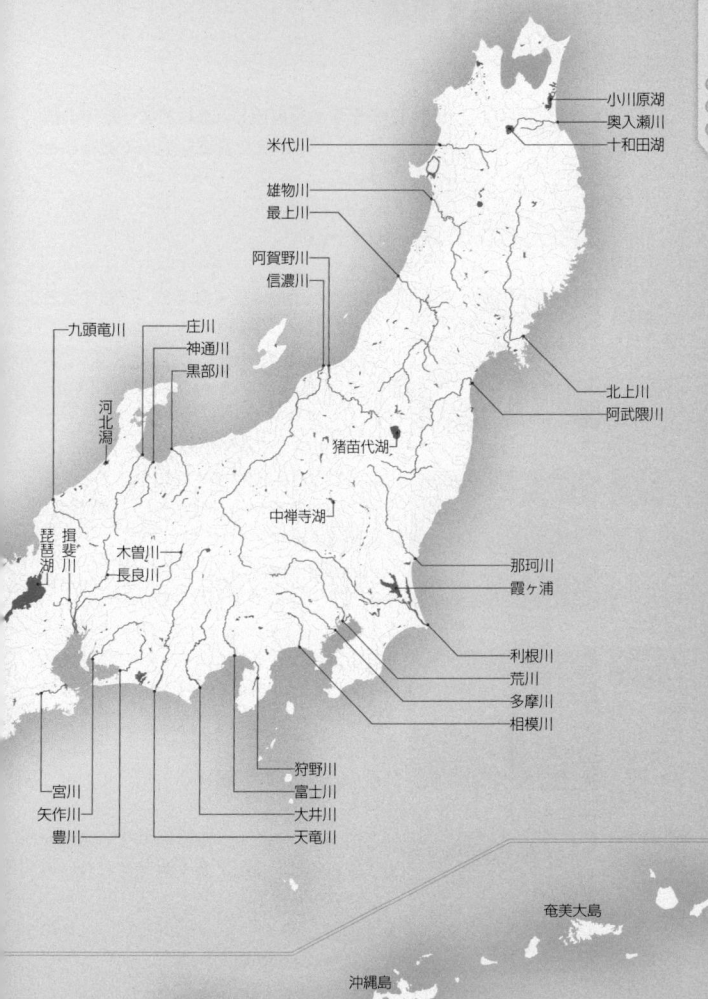

■ 淡水魚が暮らす環境

山から水が染み出し、流れとなった川の最上流域。川幅が狭く急峻な地形であることが多い。

代表的な魚種
イワナ(➡p.136)

源流に比べ川幅は広くなるが、谷間を流れる。水温は低く、透明度が高い。

代表的な魚種
ヤマメ(➡p.154)、**アマゴ**(➡p.156)

川の流れは比較的ゆるやかになるが、川底は礫で覆われていることが多い。透明度は比較的高い。

代表的な魚種
オイカワ(➡p.61)、**シマドジョウ**(➡p.101)

さらに流れがゆるやかになり、川底は砂や泥であることが多い。一般的に透明度は低い。

代表的な魚種
コイ(➡p.28)、**モツゴ**(➡p.74)

海との境界に当たり、潮汐によって海水が流入するため、淡水と海水が混ざり合い塩分を含む。

代表的な魚種
マハゼ(➡p.256)、**マルタ**(➡p.69)

池

比較的小さく浅い止水域。水を確保する目的で作られたため池などがある。

`代表的な魚種`●●

シナイモツゴ(➡p.75)、
カワバタモロコ(➡p.58)

 湖沼

比較的大きな止水域で、特に湖は水深が深いことが多い。川がダムによってせき止められたダム湖もある。

`代表的な魚種`●●

ヒメマス(➡p.148)、**ワカサギ**(➡p.127)

 小川

谷戸のような小さな谷間を流れる幅の狭い川。水はゆるやかに流れ、川底は砂や砂泥であることが多い。

`代表的な魚種`●●

ヤリタナゴ(➡p.37)、**ホトケドジョウ**(➡p.111)

 水路

水田などに水を引く目的で掘られた農業用水路。農閑期には水を必要としないため、小さな水路では干上がることもある。

`代表的な魚種`●●

ミナミメダカ(➡p.175)、**ドジョウ**(➡p.96)

 内湾

入り江のこと。湾奥に川がある内湾では、流入する土砂で水深が浅くなり、干潟を有することも多い。

`代表的な魚種`●●

コトヒキ(➡p.214)、**スジハゼ**(➡p.264)

■本書の使い方

日本で知られる淡水魚、汽水魚およそ400種類のうち、258種類を掲載した。

①科の配列、学名、標準和名は、中坊徹次編『日本産魚類検索 第2版』（東海大学出版会、2000年）に従った。シナノユキマスやペヘレイなど広く使われている名称は、本書では和名として採用した。

②地方名：特定の地域で使用される生物名。一つの地方名が、混同された複数の種に使われることもある。

③漢字名：標準和名を漢字表記したもの。

④写真とキャプション：自然下で撮影したものについては撮影地を表記。飼育下で撮影したものは採集地という意味で、地名の後に「産」を付した。なお種によっては著しく減少しているものもあり、生息地の特定を防ぐため、地名は県名にとどめた。

⑤解説：主に形態的な識別ポイントや生態、生息環境について解説した。

⑥全長（ ）：その種の平均的な最大推定値を記した。

⑦レッドリストカテゴリー（®）：本書では環境省版レッドリスト2007年改訂版に従った。
- 絶滅（EX）：日本ではすでに絶滅したと考えられる種。
- 野生絶滅（EW）：飼育、栽培下でのみ存続している種。
- 絶滅危惧ⅠA類（CR）：ごく近い将来における野生での絶滅の危険性が極めて高い種。
- 絶滅危惧ⅠB類（EN）：ⅠA類ほどではないが、近い将来における野生での絶滅の危険性が高い種。
- 絶滅危惧Ⅱ類（VU）：絶滅の危険が増大している種。
- 準絶滅危惧（NT）：現時点では絶滅の危険は少ないが、生息条件の変化によっては「絶滅危惧」に移行する可能性がある種。
- 情報不足（DD）：評価するだけの情報が不足している種。
- 絶滅の恐れのある地域個体群（LP）：地域的に孤立しており、地域レベルでの絶滅のおそれが高い個体群。

⑧分布（分）：その種が分布する範囲を記した。海外にも自然分布する種については、その地域を記した。また、国外外来種については原産地、国内外来種については移殖地を記した。

⑨外来種（外）：特定外来生物、要注意外来生物に指定されていない種類を、国外外来種と記した。「特定外来生物による生態系等に係る被害に関する法律」（外来生物法）により、規制の対象となっている種については、そのカテゴリーを記した。
- 特定外来生物：生態系や人の身体、農林水産業に被害を及ぼす、およびそのおそれがある種。輸入や運搬、飼育などが原則として禁止されている。
- 要注意外来生物：生態系に被害を及ぼすおそれがあるが、科学的知見が不足している種。

⑩食（食）：食用に利用されるものについては、主な食べ方について記した。

■ 用語解説

- **亜種**：同種ではあるが形態や生態に違いが見られる地域集団。別種として分けるほどの違いはないが、同種の型とするには違いが大きい。
- **アマモ場**：アマモという海草が生えている場所。
- **育児嚢**：卵や仔魚を保護する器官。ヨウジウオ科のオスの腹にある。
- **移殖**：ある生物種を、本来分布していない地域に人の手によって放すこと。
- **雲状斑**：薄い色をした大きな斑紋。
- **追星**：産卵期に現れる小さな突起のこと。種によって異なるが、口の周りや鰓蓋、胸鰭第1鰭条などに現れる。

ミヤコタナゴの追星

- **外来種**：本来分布していない地域に、人によってよそから持ち込まれた生物。海外から持ち込まれた国外外来種と、国内のよその地域から持ち込まれた国内外来種がある。
- **河川残留型**：海と川を回遊する種でありながら、海に降りることなく川で一生を終えるもの。
- **型**：形態などに、亜種よりもさらに小さな違いが見られる地域集団。
- **鰭条**：鰭の膜を支える骨。
- **汽水域**：河川下流域の中で、潮汐によって海水の影響を受ける水域。
- **基底**：鰭の付け根のこと。第1鰭条基底から最後の鰭条基底までの長さを基底長といい、背鰭や臀鰭の大きさを比較する際に用いられる。
- **競争**：餌やすみかを奪い合うこと。
- **銀毛（ギンケ）**：サケ科魚類が海に降りる際に、体色が銀白色になること。
- **骨質盤**：ドジョウのオスの胸鰭の第2軟条基部が肥大して板状に変化した骨。

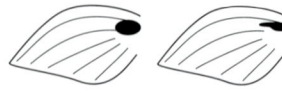

骨質盤

- **固有種**：特定の狭い地域だけに分布する種。琵琶湖だけに分布する種であれば琵琶湖固有種となる。ただしその範囲に決まりはないため、日本に広く分布する種でも、それが日本にしかいないものであれば、世界から見れば日本固有種となる。
- **婚姻色**：産卵期に現れる特有の色彩。オスに現れる種が多い。

ヤリタナゴ
平常色

婚姻色

- **産卵管**:タナゴ亜科やヒガイ属のメスが、二枚貝に卵を産みつけるために生殖孔から伸ばす管。
- **産卵母貝**:タナゴ亜科やヒガイ属が卵を産みつける際に利用する二枚貝のこと。ドブガイやイシガイ、マツカサガイなどがある。
- **仔魚**:孵化してから鰭条数が成魚と同じ数になるまでの魚。
- **脂瞼**:眼の周囲や表面を覆う脂肪性の透明な膜。

ボラの脂瞼

- **雌性発生**:ギンブナに見られる、メスだけで行われる特異な繁殖形態。産卵時に他魚種の精子が卵に入り発生のきっかけを与えるが、その精子は排除され生まれた子は雑種にはならない。
- **上鰓腔**:鰓が収納されている、鰓蓋で覆われた空間の上部。
- **生殖隔離**:生物集団間において交雑が起きないこと。
- **托卵**:卵を守る別種の巣に自分の卵を産みつけて守ってもらうこと。
- **地域型・地域集団**:遺伝的に比較的まとまっている特定の地域の集団。
- **稚魚**:鰭条数が成魚と同じ数になってから、鱗が出来上がるまでの期間の魚。
- **抽水植物**:アシやガマのように、葉を水上に伸ばし根を水底の泥中に広げる水辺に生える植物。
- **パーマーク**:サケ科の幼魚や河川残留型などの体側に並ぶ楕円形の斑紋。
- **付着藻類**:岩などに生えた藻類。
- **別名**:標準和名と同じように使われている日本名。過去に図鑑などで使われているものが多く、種によっては別名が一般的な場合もある。
- **変態**:成長に伴って急激に体の形を変化させること。レプトケファルスが幼魚へ変化したときなどに用いられる。
- **密放流**:必要な手続きを踏まずに、個人や団体が魚を密かに放流すること。
- **谷戸**:平地の小さな山に挟まれた谷間のこと。
- **葉形仔魚**:→レプトケファルス
- **陸封**:本来海と川を回遊する魚でありながら、地形の変化などによって海に降りることができなくなり、河川や湖沼などで一生を終える生活史を送ること。
- **流入河川**:ある地点を基準にして、そこに流れ込む河川。
- **鱗板**:トゲウオ科などの体表にある、硬くて大きい板状の鱗。
- **レプトケファルス**:カライワシ目、ウナギ目などに見られる、柳の葉のような形をした仔魚。浮遊生活を送る。

■ 体形による簡易検索

簡易検索用のシルエット画像は、形態が似たものをまとめているため、
一部本書の科の配列と異なっている。

ヤツメウナギ型
（ヤツメウナギ科 ➡ p.20）

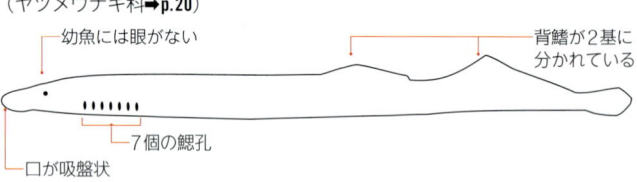

- 幼魚には眼がない
- 背鰭が2基に分かれている
- 7個の鰓孔
- 口が吸盤状

ウナギ型
（ウナギ科 ➡ p.25）

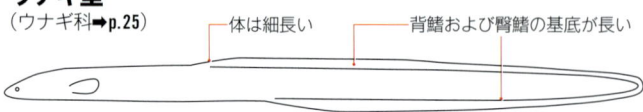

- 体は細長い
- 背鰭および臀鰭の基底が長い

タウナギ型
（タウナギ科 ➡ p.159）

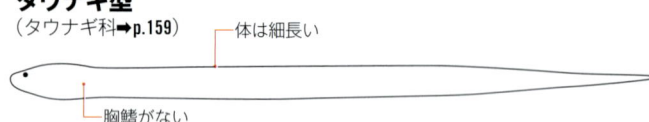

- 体は細長い
- 胸鰭がない

エツ型
（カタクチイワシ科 ➡ p.27）

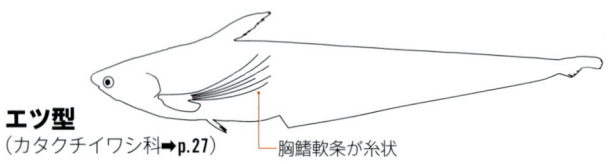

- 胸鰭軟条が糸状

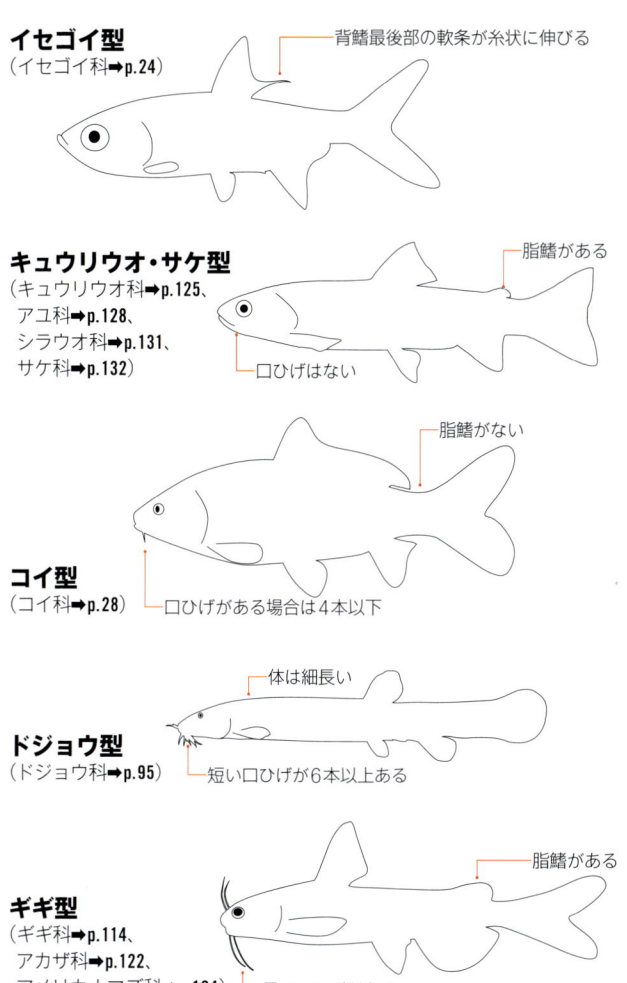

イセゴイ型
（イセゴイ科➡p.24）

背鰭最後部の軟条が糸状に伸びる

キュウリウオ・サケ型
（キュウリウオ科➡p.125、
アユ科➡p.128、
シラウオ科➡p.131、
サケ科➡p.132）

脂鰭がある

口ひげはない

脂鰭がない

コイ型
（コイ科➡p.28）

口ひげがある場合は4本以下

体は細長い

ドジョウ型
（ドジョウ科➡p.95）

短い口ひげが6本以上ある

脂鰭がある

ギギ型
（ギギ科➡p.114、
アカザ科➡p.122、
アメリカナマズ科➡p.124）

長い口ひげがある

■ 体形による簡易検索

ナマズ型（ナマズ科➡p.118）

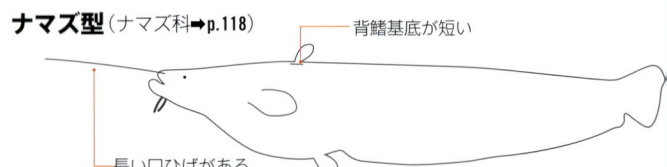

背鰭基底が短い

長い口ひげがある

ヒレナマズ型
（ヒレナマズ科➡p.123）

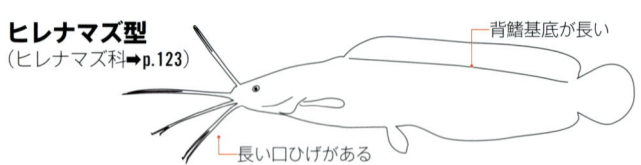

背鰭基底が長い

長い口ひげがある

サヨリ型（サヨリ科➡p.178）

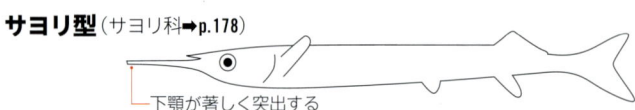

下顎が著しく突出する

メダカ型
（メダカ科➡p.174、カダヤシ科➡p.171）

トゲウオ型
（トゲウオ科➡p.160）

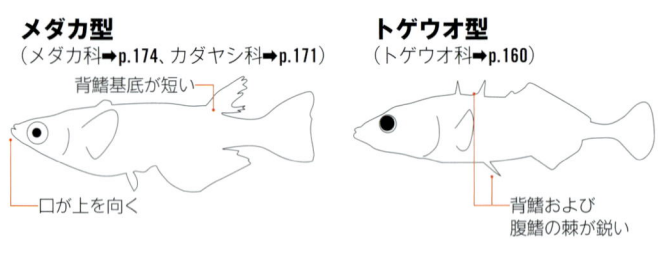

背鰭基底が短い

口が上を向く

背鰭および腹鰭の棘が鋭い

ヨウジウオ型（ヨウジウオ科➡p.165）

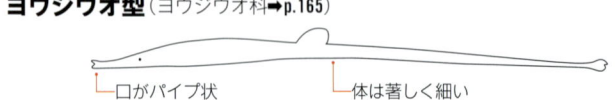

口がパイプ状

体は著しく細い

ボラ型
（ボラ科➡p.167、
トウゴロウイワシ科➡p.170、
カマス科➡p.287）

背鰭が2基に分かれ、間隔があく

タイワンドジョウ型
（タイワンドジョウ科➡p.290）

背鰭および臀鰭の基底は長い

正面から見た体は円筒形

ゴクラクギョ型
（ゴクラクギョ科➡p.288）

背鰭および臀鰭の基底は長い

鰓蓋に濃紺の眼状斑がある

スズキ型
（アカメ科➡p.186、タカサゴイシモチ科➡p.187、
ケツギョ科➡p.188、スズキ科➡p.189、
サンフィッシュ科➡p.192、テンジクダイ科➡p.197、
タイ科➡p.206、シマイサキ科➡p.214、
ユゴイ科➡p.216、アイゴ科➡p.286）

第1背鰭や背鰭前部、腹鰭の棘条はするどい

黒点が散在する

体は著しく側扁

クロホシマンジュウダイ型
（クロホシマンジュウダイ科➡p.285）

キス型
（キス科➡p.208）

背鰭が2基に分かれる

体が細長い

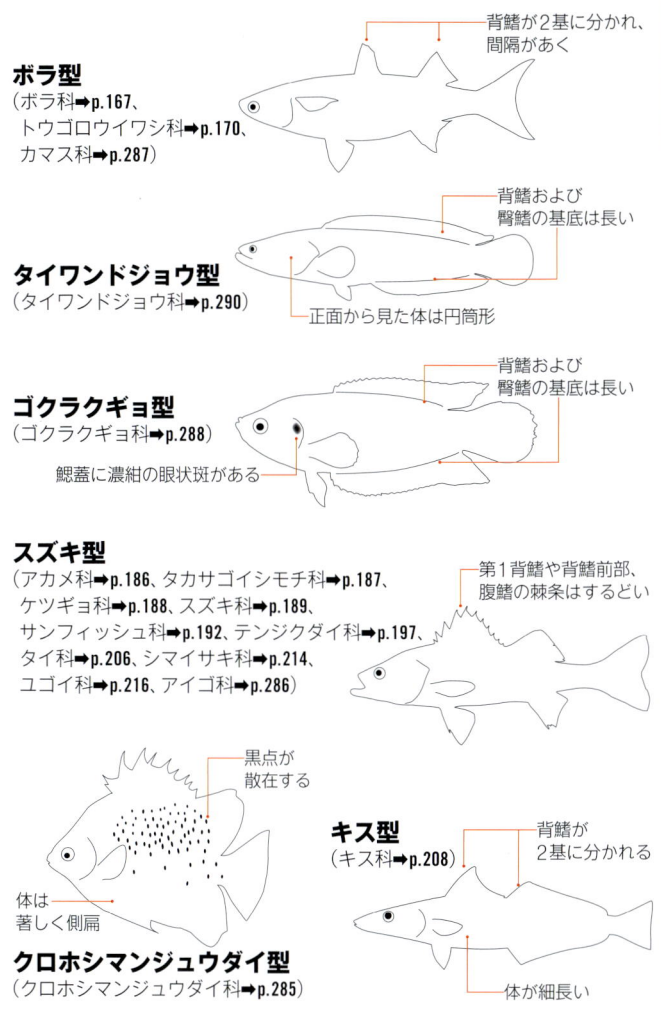

■ 体形による簡易検索

ヒイラギ・クロサギ型
(ヒイラギ科➡p.200、クロサギ科➡p.203)

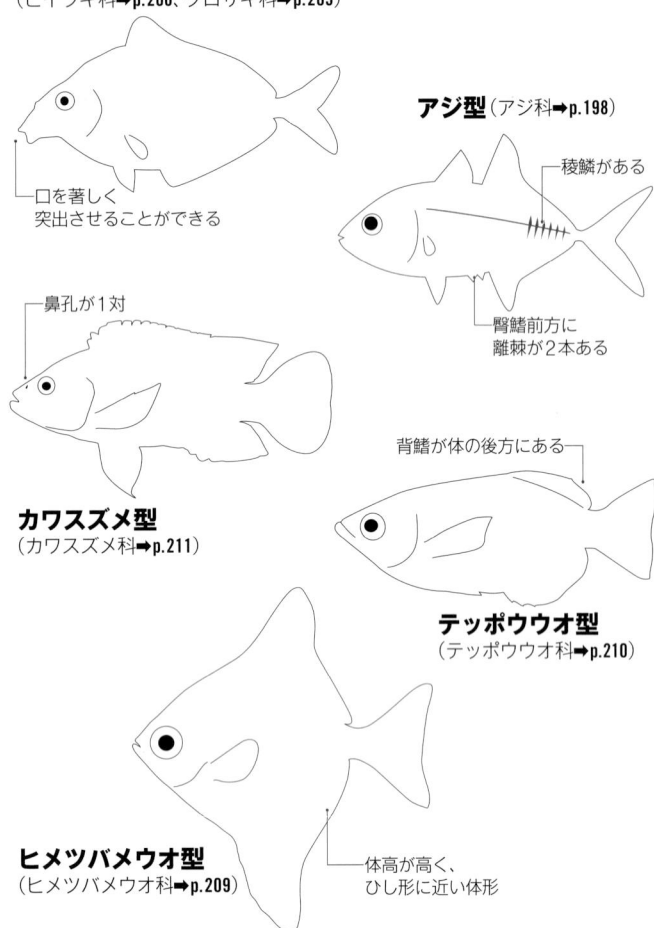

口を著しく突出させることができる

アジ型 (アジ科➡p.198)

稜鱗がある

臀鰭前方に離棘が2本ある

鼻孔が1対

カワスズメ型
(カワスズメ科➡p.211)

背鰭が体の後方にある

テッポウウオ型
(テッポウウオ科➡p.210)

ヒメツバメウオ型
(ヒメツバメウオ科➡p.209)

体高が高く、ひし形に近い体形

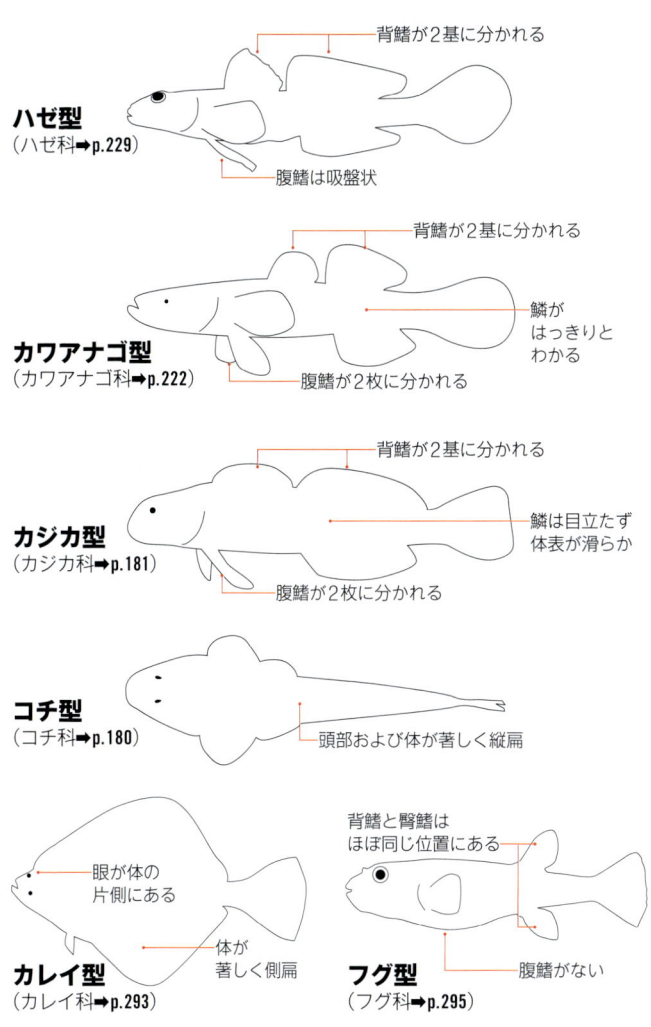

ヤツメウナギの仲間は眼の後ろに7つの鰓孔があく。千葉県産

スナヤツメ *Lethenteron reissneri*
地 ヤツメ、スナクグリ、ギナ ／ 漢 砂八目

カワヤツメ属

- 長 17cm
- R 絶滅危惧Ⅱ類（VU）
- 分 北方型：北海道、本州中部以北。南方型：本州、四国、九州北部

体は細く、ウナギのような形をしているが、背鰭と臀鰭が体の後方で広がり、胸鰭はない。口は吸盤状。谷戸を流れる湧水が豊富な細流などに生息するが、近年このような場所は水路のコンクリート化や、谷戸そのものの開発によって減少している。産卵期は春で、砂利に吸いついて産卵床を掘る。産卵床を形成する場所は水深が非常に浅い

ヤツメウナギ目ヤツメウナギ科

アンモシーテス幼生。千葉県産

アンモシーテス幼生の頭部。
千葉県産

スナヤツメの口。千葉県産

ため、陸上からでも観察することができる。外見からの識別はできないが、北方型と南方型の遺伝的に異なる2型の存在が知られ、別種と考えられている。ヤツメウナギの仲間には、アンモシーテス幼生という幼生期間があり、眼がなく口は漏斗状。幼生は川底の泥の中で生活しているため、泥を網ですくうなどしないと目にする機会はない。幼生の期間は約3年で、4年目の秋から冬に成体へと変態する。成体は変態後は餌をとらず、産卵後、死亡する。

ヤツメウナギ目ヤツメウナギ科

スナヤツメに似るが、眼と背鰭が大きい。北海道産

シベリアヤツメの口。北海道産

シベリアヤツメ
Lethenteron kessleri

地 —
漢 西比利亜八目

カワヤツメ属

- 長 17cm
- R 準絶滅危惧（NT）
- 分 北海道／オビ川以東のユーラシア大陸、サハリン

スナヤツメ（p.20）に酷似するが、本種の尾鰭は黒ずみ、上方がやや角ばる（スナヤツメでは丸みを帯びる）。また背鰭や眼も本種のほうが大きい。ゆるやかに流れるあまり広くない川や、細流に生息する。スナヤツメと混棲することが多く産卵場所も重なるが、産卵期はスナヤツメよりほんの少し早い。

重要な食用魚でもあるカワヤツメだが、近年は減少が著しい。新潟県産

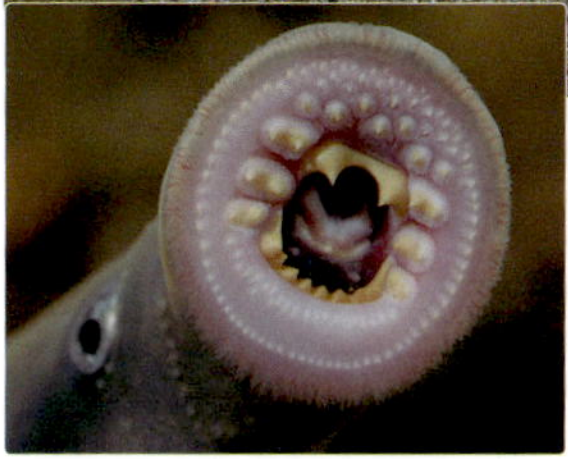

カワヤツメの口。新潟県産

カワヤツメ
Lethenteron japonicum
地 ヤツメ、ヤツメウナギ、カギヤツメ
漢 川八目

カワヤツメ属

- 長 40cm
- R 絶滅危惧Ⅱ類（VU）
- 分 茨城県・島根県以北／スカンジナビア半島東部〜朝鮮半島、アラスカ
- 食 蒲焼や燻製、干物が一般的だが、秋田県ではぶつ切りの煮込みで食される

国内に分布するヤツメウナギの中では大形で、成魚は全長50cmに達する。尾鰭は黒い。アンモシーテス幼生は4年を泥中で過ごし、変態後は海へと降り、2〜3年を過ごした後、再び産卵のために河川に遡上する。海中生活をしている間はほかの魚に吸いつき、肉を溶かして食う。産卵期は4〜8月。

カライワシ目イセゴイ科

イセゴイの幼魚は水田脇の水路にも現れる。沖縄県産

イセゴイ *Megalops cyprinoides*
地 ミズヌズ、イユクエー、ホンコノシロ。別名ハイレン ／ 漢 伊勢鯉

イセゴイ属

長 100cm

分 本州中部以南／南シナ海、インド・西太平洋

全身が銀白色で体は側扁し、眼が大きい。背鰭後端の軟条が糸状に伸びるのも本種の特徴。幼魚のうちは河川に積極的に進入し、川幅50cmほどの細流でもその姿を見ることができる。成長に伴って海が主な生活の場となるが、内湾のような沿岸域に生息する。幼魚はレプトケファルス（葉型仔魚(ようけいしぎょ)）の形態をとる。魚食性が強く、主に小魚を食う。国内では大形個体は少ない。

夜行性で、夕方暗くなるころから活動を始める。静岡県

ニホンウナギ *Anguilla japonica*

地 アオ、オナギ、クチボソ、カニクライ、メソ（幼魚）　／　漢 日本鰻

ウナギ属

- 長 100cm
- R 絶滅危惧ⅠB類（EN）
- 分 北海道以南／朝鮮半島、中国、台湾
- 食 食用としての人気が淡水魚の中で特に高い。蒲焼、白焼き、肝焼き、肝吸いなどで賞味

体は細く、背は暗灰色で腹は白い。河川上流から河口、湖沼のほか、淡水の影響を受ける内湾にも生息する。礫底や泥底を好み、昼間は礫の隙間や泥の中に身を潜める。主にエビや小魚、貝類などを食う。産卵はフィリピン東方海域の深海で行われ、卵から孵化したレプトケファルスは海流に乗って日本近海に辿り着くと、シラスウナギに変態して河川に遡上（そじょう）する。

ウナギ目ウナギ亜目ウナギ科

沖縄県の川に潜るとオオウナギをよく見かける。沖縄県

オオウナギ *Anguilla marmorata*
地 カニクイ、ゴマウナギ、ジャウナギ、カーウナージャー ／ 漢 大鰻

ウナギ属

中流　下流　湖沼

- 長 200cm
- 分 千葉県以南／インド・西太平洋域
- 食 国内ではあまり食用に利用されないが、かば焼きなどにできる

大形のウナギで、全長2mに達する。ウナギ(p.25)に似るが、背には幼魚のうちから明瞭な雲状斑がある。また、成長に伴い体がウナギに比べてより太くなる。主に河川中流から下流に生息し、やや流れのゆるやかな淵に沈む岩の陰などに隠れて生活する。夜行性で、夜間は開けた浅瀬に入り込んで餌を探す姿が確認できる。主にエビや小魚、貝類などを食う。

福岡県産

エツ *Coilia nasus*
地 ウバエツ ／ 漢 魛、鱭

エツ属

体は側扁し、銀白色で刃物のような雰囲気をもつ。本種はその外見もさることながら、胸鰭の上部の軟条が糸状に伸び、広げるとアンテナのようで特徴的。分布が限られるため、食材としては全国的に見ればあまりなじみがない魚だが、エツが漁獲される福岡県筑後川周辺では、5〜7月の漁期になると魚屋店頭に並ぶ。主な生息域は有明海湾奥部で、産卵期には河川に遡上して干潮域上部で産卵する。本種が遡上して産卵する河川は筑後川に集中しており、周辺の有明海湾奥部の河川で産卵するエツはわずかだという。エツの卵には大きな油球があるため、水中を漂いながら発生が進む。卵の発生には低塩分の水が重要で、海水の塩分濃度では孵化率が下がることが知られている。一生を通じて動物プランクトンを食う。

- 長 30cm
- R 絶滅危惧ⅠB類(EN)
- 分 有明海とその流入河川／中国大陸沿岸
- 食 小骨が多いので骨切をする。刺身や酢ぬた、から揚げなど

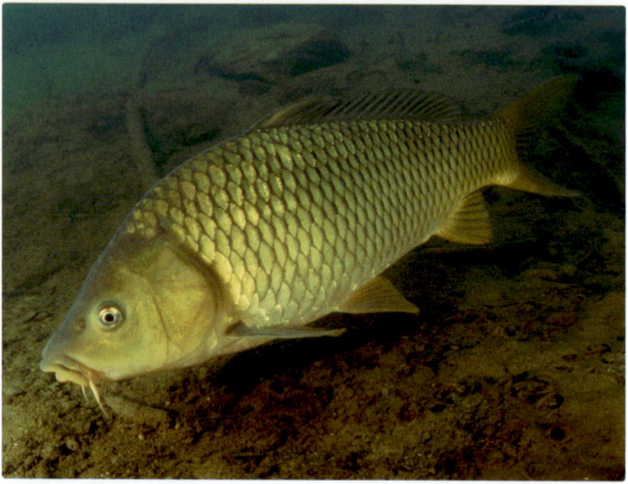

体高が高い飼育型。奈良県

コイ *Cyprinus carpio*

地 マゴイ、ノゴイ、ヤマトゴイ ／ 漢 鯉

コイ亜科コイ属

中流 下流 池 湖沼 水路

長 80cm

R 琵琶湖のコイ野生型：絶滅のおそれのある地域個体群(LP)

分 飼育型：日本全国、原産地はユーラシア大陸　野生型：関東平野、琵琶湖・淀川水系、岡山平野、高知県四万十川

食 あらい、鯉こく、甘露煮などで賞味。旬は脂がのる冬。川魚店では清水で泥抜きをした活魚を扱っている

日本人にはなじみ深い大形の淡水魚で、最大で1mに達する。口に2対4本のひげがあり、この点でよく似たフナと識別できる。主に河川中流から下流、湖沼といった流れがあまりない水域に生息する。コイには以前から体高が高い飼育型と、体高が低くスマートな体形の野生型の存在が知られていた。しかし最近の遺伝子研究から、飼育型が

コイ目コイ科

琵琶湖の水中で出会った野生型の大形個体。滋賀県

ユーラシア大陸から導入された国外外来種であるのに対し、野生型は日本在来のコイと考えられている。コイは重要な食用魚として古くから移殖放流が盛んに行われてきた。特に体高が高く肉の量が多い飼育型は、野生型に比べて飼育しやすいことから養殖が盛んに行われ、さらにこれらを基にした種苗(しゅびょう)が全国各地に放流された。その結果、日本の在来種である野生型との間で交雑が進み、現在、野生型は琵琶湖を除いてほとんど見ることができないくらい減少している。ニシキゴイ（錦鯉）は観賞用の改良品種。

コイの最大の特徴ともいえる4本のひげ。千葉県産

自然水域に放流されることも多いニシキゴイ。山梨県

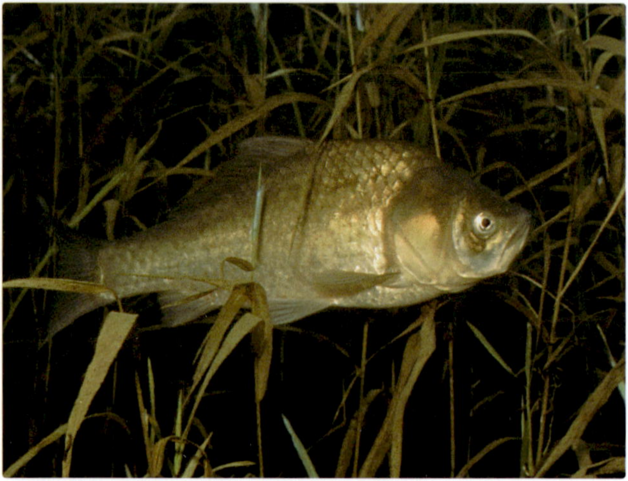

釣り人には「ヘラブナ」の名で親しまれている。高知県

ゲンゴロウブナ *Carassius cuvieri*
地 ヘラブナ、カワチブナ ／ 漢 源五郎鮒

コイ亜科フナ属

 40cm

- R 絶滅危惧ⅠB類(EN)
- 分 琵琶湖・淀川水系、移殖により日本全国
- 食 滋賀県では鮒ずしの材料として利用。そのほか煮つけ、甘露煮

体高が高く背は大きく盛り上がり、さらに眼の位置が低いといった特徴から、よく似た種類が多い日本産のフナ属の中で、本種だけは識別しやすい。主に植物プランクトンを食うため、餌を濾しとるための鰓耙(きは)が多い。産卵期は4〜6月。釣魚としての人気が高く、釣りを目的に移殖が盛んにくり返された結果、全国に分布するようになった。

コイ目コイ科

身近でありながら謎の多い淡水魚、ギンブナ。山梨県産

体色の赤いヒブナ。北海道産

ギンブナ
Carassius auratus langsdorfii
地 マブナ、ヒワラ、ジブナ
漢 銀鮒

コイ亜科フナ属

中流　下流　池
湖沼　水路

長 30cm

分 日本全国

食 大形のものは煮つけ、小形のものは甘露煮やすずめ焼き

フナ属の中では最も分布が広く、北海道から沖縄県までの全国に生息する。産地によって体形、体色に違いがあり、他のフナ属との識別が難しい。一般的には背鰭の軟条数をもとに同定することが多い。背鰭軟条数は15〜18。本種にはメスしか存在しないため、雌性発生という繁殖方法をとる。

ニゴロブナは鮒ずしの材料としても有名。滋賀県琵琶湖産

ニゴロブナ *Carassius auratus grandoculis*
地 ガンゾ、イオ ／ 漢 似五郎鮒、煮頃鮒

コイ亜科フナ属

- 湖沼
- 長 40cm
- R 絶滅危惧ⅠB類(EN)
- 分 滋賀県琵琶湖
- 食 鮒ずしの材料。特に抱卵したメスが好まれる

フナ属の中では体高が低く、尾柄がやや長いという特徴がある。また下顎が角ばるという特徴もよく知られるが、筆者が見る限り下顎のカーブがゆるい個体も多い。背鰭軟条数は15〜18。主に動物プランクトンやユスリカ幼虫を食う。産卵期は4〜6月で、雨により流入河川が増水すると湖から遡上し、水草などに産卵する。また水路を伝って水田に入り産卵するものも多い。

コイ目コイ科

分布の実態がはっきりしないナガブナ。福井県産

ナガブナ *Carassius auratus* subsp.1
地 アカブナ　／　漢 長鮒

コイ亜科フナ属

- 長 30cm
- R 情報不足(DD)
- 分 本州の日本海側。北海道、関東以北の本州太平洋側に本種と思われるフナが分布するが、実態は不明
- 食 煮つけ、甘露煮など

体高が低くニゴロブナに似た雰囲気をもつが、体色はやや赤味を帯びる。背鰭軟条数は14〜17。主に湖沼や農業用水路など、流れのゆるやかな場所に生息する。分布域は本州日本海側とされるが、利根川や霞ヶ浦にもナガブナの特徴をもつ魚が生息している。また、北海道にも本種の特徴がよく現れたフナがすんでいるが、はたしてこれらがナガブナであるかは不明。

キンブナの体色はその名の通り金色。茨城県産

キンブナ *Carassius auratus* subsp.2
地 マルブナ、キンタロウ ／ 漢 金鮒
コイ亜科フナ属

下流　湖沼　水路

- 長 15cm
- R 絶滅危惧Ⅱ類（VU）
- 分 山形県以北の本州日本海側、関東地方以北の本州太平洋側
- 食 小形の鮒なので甘露煮、すずめ焼きなど

フナ属の中では背鰭軟条数が最も少なく11～14。そのため背鰭基底が短く、一見して背鰭が小さいという印象を抱く。体色はその名が示すように金色がかり、鱗が明るく縁取られるという特徴をもつ。全長は最大でも15cmほどで、最も小形のフナ。主に湖沼や水田周辺の用水路など、流れがほとんどない水域に生息する。小形の水生生物や付着藻類を食う雑食性。

分布が重なるギンブナとの識別は難しい。広島県産

オオキンブナ *Carassius auratus buergeri*
地 マルブナ ／ 漢 大金鮒
コイ亜科フナ属

中流　下流　湖沼　水路

- 30cm
- 中部地方以西の本州太平洋側、四国、九州北部
- ギンブナなどと区別されずに利用されていると思われる

背鰭軟条数は14〜16で、体形はキンブナに似る。ただしキンブナが最大でも全長15cm以下と小形であるのに対し、オオキンブナは30cmに達する。また分布が重なるギンブナ（p.31）に比べ、顔はやや丸みがあり、腹鰭は黄色味を帯びる。主に河川中流から下流、農業用水路などの流れのゆるやかな場所に生息する。雑食性で小形の水生生物などを食う。産卵期は4〜6月。

コイ目コイ科

鮮やかな婚姻色に彩られたミヤコタナゴのオス。井の頭自然文化園

ミヤコタナゴ *Tanakia tanago*
地 ベンタナ、ミョーブタ、ジョンピー ／ 漢 都鱮

タナゴ亜科アブラボテ属

池 小川

長 6cm

R 絶滅危惧ⅠA類(CR)

分 関東地方

体色はやや灰色がかり、尾鰭両葉先端の丸みが強い。産卵期に婚姻色が現れると体は紫色を帯び、胸鰭や尾鰭、および尾柄は赤く染まる。自然分布域が関東地方ということもあり、都市化によって生息環境が悪化し、生息地は栃木県や千葉県にわずかに残るのみとなっている。付着藻類や底生動物を食う雑食性。産卵期は4〜7月で、産卵母貝には主にマツカサガイを選択する。

コイ目コイ科

日本産タナゴ亜科の中では分布域が最も広い。千葉県産

ヤリタナゴ *Tanakia lanceolata*
地 アカンチョ、カメンタイ、カワタナゴ ／ 漢 槍鱮

タナゴ亜科アブラボテ属

- 中流 下流 湖沼
- 小川 水路

- 9cm
- R 準絶滅危惧（NT）
- 分 本州、四国、九州／朝鮮半島西岸
- 食 すずめ焼きやつくだ煮など

背鰭鰭膜にはしずく型の黒斑が入り、婚姻色が現れたオスの背鰭や臀鰭は赤く染まる。1対の口ひげがよく目立つ。水田地帯を流れる細流に多いが、平野部の河川や湖沼などにも生息する。付着藻類や小形の底生動物を食う雑食性。産卵期は、分布域が広いため地域によってだいぶ幅があるが、関東地方では4〜6月。産卵母貝にはマツカサガイなどを選択する。

コイ目コイ科

独特な渋みのある体色をしたアブラボテ。滋賀県産

アブラボテ *Tanakia limbata*
地 アブラセンバ、アブラタナゴ ／ 漢 油帆手

タナゴ亜科アブラボテ属

中流　下流　池
小川　水路

長 7cm

R 準絶滅危惧（NT）

分 濃尾平野以西の本州、淡路島、四国瀬戸内側、九州北部、壱岐、五島列島福江島。移殖により秋田県、静岡県／朝鮮半島西岸

日本産タナゴ亜科の中では珍しい薄茶色の体色。産卵期に婚姻色が現われると、オスはより黒くなる。ヤリタナゴ（p.37）同様、澄んだ水がゆるやかに流れる細流に多いが、河川本流のよどみやため池にもその姿を見ることができる。主に小形の底生動物を食う雑食性。産卵期は3～7月で、産卵母貝には主にマツカサガイを選択する。産卵期のオスは気性が荒い。

コイ目コイ科

東北地方や関東地方にも定着しているカネヒラ。岡山県産

カネヒラ *Acheilognathus rhombeus*
地 ヒラジャコ、ヒラボテ、オクマボテ、サンネンシュブタ　／　漢 金平

タナゴ亜科タナゴ属

中流　下流　湖沼
小川　水路

長 10cm

分 濃尾平野以西の本州、九州北部、移殖により関東地方、東北地方に定着／朝鮮半島西岸

全長12cmに達する大形のタナゴで、体高が高く、成熟したオスの背鰭や臀鰭は大きくうちわ状になる。また婚姻色が鮮やかで見応えがあることから、観賞魚や釣魚としての人気も高い。藻類や水草を好んで食う。産卵期は9〜11月。メスの産卵管は体の大きさの割に短く、イシガイなどを産卵母貝に選択し、仔魚は翌年の5〜6月に泳ぎ出るまでの半年以上を貝の中で過ごす。

コイ目コイ科

イタセンパラはタナゴ亜科の中で特に神経質だという。氷見市海浜植物園

イタセンパラ *Acheilognathus longipinnis*
地 センパ、センパラ　／　漢 板仙腹、板鮮腹

タナゴ亜科タナゴ属

下流　水路

- 長 10cm
- R 絶滅危惧ⅠA類（CR）
- 分 富山県、琵琶湖・淀川水系、木曽川水系

体高が高い大形のタナゴで、メスや平常色のオスはオオタナゴ（p.49）によく似る。ただし婚姻色が現れると、オスの体は赤紫色に染まり美しい。産卵期は9〜11月で、主にワンドと呼ばれる河川敷にできる水たまりの中で繁殖する。川の水位が下がってワンドから水がなくなっても、地中に埋もれた二枚貝は伏流水中で生きのび、仔魚はそのまま約半年間を貝の中で過ごす。

コイ目コイ科

生息地は東北地方にわずかに残るのみとなっている。井の頭自然文化園

ゼニタナゴ *Acheilognathus typus*
地 オカメタナゴ、カシマタナゴ、ビタ、ニガビタ、ヤスリメ ／ 漢 銭鱮

タナゴ亜科タナゴ属

下流 池 湖沼

- 長 9cm
- R 絶滅危惧ⅠA類（CR）
- 分 神奈川県、新潟県以北の本州

鱗が細かく、繊細な印象を与えるタナゴ。主に河川下流域や湖沼など流れのほとんどない水域を好む。かつては生息地の多くで最も多産する魚種だったが、近年急速に減少している。付着藻類や水草など植物質の餌を好む。産卵期は9〜11月で、婚姻色が現れたオスの胸部はやや紫がかったピンク色に彩られる。メスの産卵管は長い。産卵母貝にはイシガイなどを選択する。

コイ目コイ科

タナゴは近年、全国的に著しく減少している。茨城県産

タナゴ *Acheilognathus melanogaster*
地 — ／ 漢 鱮

タナゴ亜科タナゴ属

下流　湖沼　水路

- 長 7cm
- R 絶滅危惧ⅠB類(EN)
- 分 関東地方以北の本州太平洋側
- 食 甘露煮、すずめ焼きなどに利用される

体高がタナゴ亜科の中で最も低い。体側の青緑色の縦条は背鰭起点よりも前方から始まるが、前部は不明瞭。肩部には不明瞭な暗色斑がある。平常色のオスや婚姻色が現れないメスは、同所的に生息するアカヒレタビラ(p.45)によく似ており識別は難しい。「タナゴ」の名称がタナゴ亜科全体を指して使用されることも多いため、釣り人や飼育愛好家は「マタナゴ」と呼ぶ。

コイ目コイ科

季節によって生息場所を大きく変えるイチモンジタナゴ。熊本県産

イチモンジタナゴ *Acheilognathus cyanostigma*
地 イロセンパラ ／ 漢 一文字鱮

タナゴ亜科タナゴ属

中流　下流　湖沼　水路

- 長 7cm
- R 絶滅危惧ⅠA類（CR）
- 分 濃尾平野、近畿地方、移殖により富山県、岡山県、四国、熊本県

タナゴ亜科の中ではタナゴに次いで体高が低く、顔はややとがる。体側には肩から尾鰭の付け根にかけてよく目立つ青緑色の縦条があり、和名の由来になっている。原産地の一つ琵琶湖では激減しているが、移殖によって熊本県や岡山県、徳島県などに定着しており、個体数が非常に多い水域もある。水草や藻類を好んで食う。飼育下ではなかなか鮮やかな婚姻色が出ない。

コイ目コイ科

オス同士の闘争。鰭を目いっぱい広げて相手を威嚇する。岡山県産

シロヒレタビラ *Acheilognathus tabira tabira*
地 ― ／ 漢 白鰭田平

タナゴ亜科タナゴ属

中流　下流　池
湖沼　水路

- 9cm
- ®絶滅危惧ⅠB類(EN)
- 分 濃尾平野、琵琶湖・淀川水系、高梁川以東の山陽地方、四国北東部。移殖により青森県、島根県

タビラ類に共通する特徴として、肩部にやや青味がかった明瞭な小さい暗色斑があり、体側中央の後半部には青緑色の縦条がある。本亜種はタビラ類5亜種の中では最も体高が高い。また、婚姻色が現れたオスの臀鰭外縁は白く、その基底側は黒くなる。平野部を流れる河川や農業用水路、湖沼などに生息する。藻類や小形の水生生物を食う雑食性。産卵期は4〜7月。

コイ目コイ科

霞ヶ浦や北浦では近年、著しく減少している。茨城県産

アカヒレタビラ *Acheilognathus tabira erythropterus*
地 — ／ 漢 赤鰭田平

タナゴ亜科タナゴ属

下流　湖沼　水路

- 長 9cm
- R 絶滅危惧ⅠB類（EN）
- 分 宮城県、栃木県、茨城県、千葉県、東京都
- 食 甘露煮、すずめ焼きなどに利用される

婚姻色が現れると、オスの背鰭および臀鰭の外縁は赤く染まる。さらに婚姻色がピークに達すると、臀鰭外縁には白色が現れる。主に河川下流域や湖沼など流れのゆるやかな場所に生息する。藻類や小形の水生生物を食う雑食性。産卵期は4～6月で、関東地方の主要な生息地である霞ヶ浦や北浦では、流入河川に遡上するものも多い。産卵母貝には主にイシガイを選択する。

コイ目コイ科

秋になっても婚姻色が現れたオスがよく見られる。新潟県産

キタノアカヒレタビラ *Acheilognathus tabira tohokuensis*
地 — ／ 漢 北乃赤鰭田平

タナゴ亜科タナゴ属

下流　池　湖沼　水路

- 長 9cm
- R 絶滅危惧ⅠB類(EN)
- 分 秋田県〜新潟県

アカヒレタビラ(p.45)とはすぐに区別できないほどよく似ており、実際、かつてはアカヒレタビラに含まれていたが、2007年に新亜種として分けられた。アカヒレタビラの卵は米粒型なのに対し、本亜種は長楕円型。成魚ではひげの長さに違いがあり、本亜種のほうがわずかに長い。また脊椎骨数が平均して37で、アカヒレタビラよりも1つ多い。いずれにしても外見からの識別は難しく、産地の情報が重要になる。

アカヒレタビラに似るが、臀鰭の婚姻色はややピンク色がかる。福井県産

ミナミアカヒレタビラ *Acheilognathus tabira jordani*
地 ― ／ 漢 南赤鰭田平

タナゴ亜科タナゴ属

下流　湖沼　水路

- 長 9cm
- R 絶滅危惧ⅠA類（CR）
- 分 富山県〜島根県

かつてはアカヒレタビラ（p.45）に含まれていたが、2007年に分けられた。婚姻色がピークに達したオスの臀鰭は白に近いピンク色で、さらに幼魚の背鰭に不明瞭な黒斑があるなど、アカヒレタビラとの違いが知られる。キタノアカヒレタビラ同様、産地が識別のための重要な情報になる。富山県から島根県にかけて分布し、平野部の流れのゆるやかな河川や湖沼に生息する。

コイ目コイ科

コイ目コイ科

セボシタビラは産卵期が特に長い。熊本県産

セボシタビラ *Acheilognathus tabira nakamurae*
地 — ／ 漢 背星田平

タナゴ亜科タナゴ属

中流　下流　湖沼　小川

- 長 9cm
- R 絶滅危惧ⅠA類（CR）
- 分 九州中部・北部、壱岐

九州に分布するタビラ類の1亜種で、幼魚やメスの背鰭には明瞭な黒色斑があり、これが「セボシ」の名の由来。オスの婚姻色は背鰭外縁が赤く、臀鰭外縁は白く彩られる。やや流れのある小川や農業用水路に生息するが、湖沼のような止水域にもすむ。産卵期は3〜8月で、産卵母貝にはカタハガイなどを選択する。近年、九州各地で著しく減少している。

コイ目コイ科

朝鮮半島では全長19cmという記録があるオオタナゴ。茨城県産

オオタナゴ *Acheilognathus* sp.
地 — ／漢 大鰭

タナゴ亜科タナゴ属

下流　湖沼

- 長 14cm
- 外 要注意外来生物
- 分 霞ヶ浦、北浦を含む利根川水系／原産地は中国、朝鮮半島、アムール川

カネヒラ（p.39）に似た大形のタナゴだが、背鰭や臀鰭はカネヒラほど丸みを帯びず、どちらかといえば角ばった印象を受ける。体側後方に青緑色の縦条があり、肩部には暗青色の明瞭な小斑紋がある。産卵期は4～6月。オスの婚姻色に鮮やかさはない。2001年に霞ヶ浦ではじめて確認され、現在は湖全域に広く生息している。冬は深みで群れて越冬する。学名については検討を要する。

コイ目コイ科

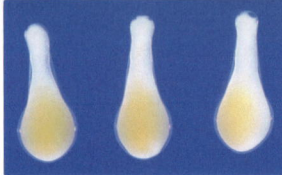

国外外来種だが、見かける機会が最も多いタナゴ。茨城県産

タイリクバラタナゴの卵。茨城県産

タイリクバラタナゴ
Rhodeus ocellatus ocellatus
地 オカメタナゴ
漢 大陸薔薇鱮

タナゴ亜科バラタナゴ属

中流　下流　池　湖沼　小川　水路

- 長 7cm
- 外 要注意外来生物
- 分 北海道、本州、四国、九州／原産地は中国、朝鮮半島、台湾

体が著しく側扁し、特に成熟したオスは体高が高く背は盛り上がる。ニッポンバラタナゴに酷似するが、腹鰭前縁に白線があるのが特徴。主に付着藻類を食うが、小形の水生生物も食う雑食性。産卵期は4〜10月で、タナゴ亜科の中では特に長い。産卵母貝にはドブガイやイシガイなどを選択する。

貝をのぞき込むニッポンバラタナゴのつがい（下がメス）。熊本県産

ニッポンバラタナゴ *Rhodeus ocellatus kurumeus*

地 ニガブナ、ハエ（混称） ／ 漢 日本薔薇鱮

タナゴ亜科バラタナゴ属

中流　下流　池　水路

- 長 5cm
- R 絶滅危惧ⅠA類（CR）
- 分 近畿地方以西の本州瀬戸内側、四国北西部、九州北部

バラタナゴの名にふさわしい華やかな体色で、オスの赤や青紫が現れる体色は非常に美しい。タイリクバラタナゴの亜種で、外見は酷似するが本亜種のほうがやや小さい。また、タイリクバラタナゴに見られる腹鰭の白線が本亜種にはない。主に付着藻類を食う。産卵期は3～9月。産卵母貝にはドブガイやイシガイを選択するが、シジミに卵を産むこともある。

コイ目コイ科

コイ目コイ科

九州北部に分布する小形のタナゴ。写真は婚姻色が現れたオス。熊本県産

カゼトゲタナゴ *Rhodeus atremius atremius*
地 ニガブナ、ハエ（混称） ／ 漢 風棘鱮

タナゴ亜科バラタナゴ属

中流　小川　水路

- 長 5cm
- R 絶滅危惧ⅠB類（EN）
- 分 九州北部、壱岐

雌雄ともに体側に青緑色の縦条が入り、幼魚やメスの背鰭には明瞭な黒斑がある。また婚姻色が現れると、オスの吻端は紅を差したように赤くなる。湧水が豊富な細流や、水田脇の農業用水路、小規模河川など、やや流れのある水域に生息する。付着藻類や小形の水生生物を食う雑食性。産卵期は5〜6月で、主にマツカサガイやイシガイなど小形の二枚貝に産卵する。

清楚な雰囲気をもつスイゲンゼニタナゴ。岡山県産

スイゲンゼニタナゴ *Rhodeus atremius suigensis*
地 ー ／ 漢 水原銭鱮

タナゴ亜科バラタナゴ属

中流　小川

- 長 5cm
- R 絶滅危惧ⅠA類（CR）
- 分 兵庫県〜広島県／朝鮮半島西岸

岡山県を中心とした山陽地方にのみ分布する小形のタナゴ。カゼトゲタナゴに似るが、本亜種は体高がやや低く、オスの婚姻色が淡い。また体側の青緑色の縦条は、前端部でカゼトゲタナゴに比べて太い。主に湧水が豊富な細流に生息する。産卵期は4〜6月で、マツカサガイやイシガイなどに産卵する。産卵数は非常に少なく、産卵期間中に1尾のメスが産む卵の数は10個以下。

・コイ目コイ科

コイ目コイ科

眼が口よりも下にあり、独特な顔つきをした淡水魚。さいたま水族館

ハクレン *Hypophthalmichthys molitrix*
地 レンギョ ／ 漢 白鰱

アブラミス亜科ハクレン属

下流　湖沼

長 80cm

外 国外外来種

分 利根川、江戸川水系、淀川水系で自然繁殖。北海道、沖縄県を除く国内各地に移殖／原産地は中国、アムール川

食 練り製品のほか、千葉県栄町ではフィッシュバーガーの材料となる

全長1mに達する大形魚だが性質はおとなしく、主に植物プランクトンを食う。口に入った餌を濾しとるための鰓耙（さいは）が900以上あり、微細な餌を食うのに適している。産卵期は6〜7月で、大雨による河川の増水があると産卵が始まる。産卵は水面付近で行われ、また産卵場所に集結するハクレンの数も多いことから、水面で水しぶきをあげながら産卵する姿

●コイ目コイ科

迫力あるハクレンのジャンプ。利根川の梅雨時期の風物詩だ。埼玉県

をいたるところで目にする。産出直後の卵は直径2mmほどだが、急速に吸水するため1時間後には5mmまで膨らむ。卵に粘着性はなく水中を漂いながら発生を続け、およそ40〜50時間で孵化する。ただし孵化前に海に流れ出てしまうと死んでしまうため、流程の長い河川でないと繁殖できない。国内での自然繁殖は、利根川水系と淀川水系のみが知られる。

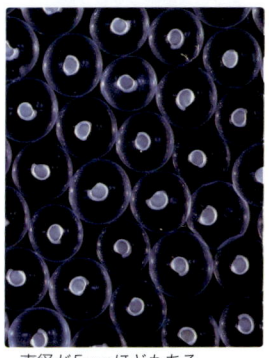

直径が5mmほどもあるハクレンの卵。埼玉県産

コイ目コイ科

ハクレンよりも体色が黒いコクレン。さいたま水族館

コクレン *Aristicthys nobilis*
地 レンギョ ／ 漢 黒鰱

アブラミス亜科コクレン属

下流 湖沼

- 長 100cm
- 外 国外外来種
- 分 利根川、江戸川水系で自然繁殖／原産地は中国、アムール川
- 食 海外では食用にされる。から揚げなど

ハクレン(p.54)に似るが、体側に暗色の雲状斑があり、腹鰭基部から臀鰭後端までの腹縁がキール状になる点で異なる（ハクレンは喉から臀鰭後端）。主に動物プランクトンを食うため、より微細な餌を食うハクレンほどではないが、鰓耙数がおよそ460と多い。利根川水系での生息数は少なく、漁でもめったに捕れないが、わずかながらも繁殖しているようだ。

コイ目コイ科

原産地の琵琶湖では著しく減少しているワタカ。千葉県産

ワタカ *Ischikauia steenackeri*
地 ウマウオ ／ 漢 腸香

カワヒラ亜科ワタカ属

下流 湖沼

- 長 30cm
- R 絶滅危惧ⅠA類（CR）
- 分 琵琶湖・淀川水系。移殖により関東地方、北陸地方、奈良県、岡山県、島根県、山口県、福岡県
- 食 煮つけでうまいという

体は側扁し、背がわずかに盛り上がる。鱗は細かく、乾いた手で触れると簡単にはがれてしまうほど弱い。琵琶湖固有種だが、国内各地に琵琶湖産のアユに混ざって放流され、定着している。全長10cmを超えるともっぱら水草を食うが、関東地方では透明度が極めて低い水域にも生息しており、このような場所では水草がほとんど生えないため、主に落下昆虫などを食っている。

コイ目コイ科

かわいらしい雰囲気をもつカワバタモロコ。滋賀県産

カワバタモロコ *Hemigrammocypris rasborella*

地 ウヨメウワズ、キンカンモロコ、キンジャコ、キンタ ／ 漢 川端諸子

ダニオ亜科カワバタモロコ属

池　水路

- 長 5cm
- R 絶滅危惧ⅠB類（EN）
- 分 静岡県以西の本州、四国瀬戸内側、九州北部

体側には不明瞭な暗色縦条と緑色の縦条がある。主に水田地帯を流れる水路やため池など、流れのほとんどない水域を好む。産卵にはメダカ同様に浅い湿地のような場所を好み、水田も利用する。本種が各地で減少しているのは、水田とふだんの生息地である水路との連絡が悪くなっているためと考えられている。産卵期は6〜7月で、婚姻色が現れたオスは金色が強く出る。

コイ目コイ科

飼育下での繁殖は容易で、水換え直後によく産卵する。養殖個体

ヒナモロコ *Aphyocypris chinensis*
地 —／漢 雛諸子

ダニオ亜科ヒナモロコ属

池　小川　水路

- 長 6cm
- R 絶滅危惧ⅠA類(CR)
- 分 九州北部に自然分布／朝鮮半島を含むアジア大陸東部

カワバタモロコによく似た小魚だが、本種は体高がやや低く、腹の膨らみは弱い。流れのゆるやかな小川や農業用水路にすむが、冬にはため池の深みなどに移動して越冬する。国内での分布はもともと狭く、福岡県や佐賀県に限られていた。九州では現在、福岡県田主丸町にわずかに残るのみ。主な生息地である水田周辺の圃場整備が減少の理由と考えられている。

コイ目コイ科

流入河川に遡上してきたオスのハス。滋賀県

ハス *Opsariichthys uncirostris uncirostris*
地 ケタバス ／ 漢 鰣

ダニオ亜科ハス属

中流 下流 湖沼

- 長 25cm
- R 絶滅危惧Ⅱ類（VU）
- 分 琵琶湖・淀川水系、福井県三方湖。移殖により関東地方、濃尾平野、中国地方、九州に定着
- 食 琵琶湖周辺では、婚姻色が現れた産卵期のオスが特に好まれる。塩焼のほか甘露煮など

オイカワに似るが、体は大きく全長25cmに達する。また口が「へ」の字状に湾曲し、小魚を好んで食うことも本種の特徴。産卵期は6〜8月で、湖にすむハスは流入河川に遡上する。途中に堰堤や簗があると、そこを超えようと懸命にジャンプする姿が見られる。産卵場所は小石が底を覆う瀬で、そのような場所では盛んに闘争するオスの姿が観察できる。

婚姻色が現れたオスは、日本の淡水魚の中でも特に美しい。千葉県産

オイカワ *Zacco platypus*

地 ヤマベ、ハエ、シラハエ、ジンケン、ガラッパヤ、ショウハチ ／ 漢 追河

ダニオ亜科オイカワ属

中流 下流 池 湖沼

長 15cm

分 関東・北陸以西の本州、四国瀬戸内側、九州北部。移殖により東北地方、四国太平洋側、壱岐諸島島後、五島列島中通島、種子島、徳之島／朝鮮半島西岸、中国東部

食 南蛮漬け、白焼き、から揚げ、天ぷら、甘露煮

雌雄ともに臀鰭が大きいが、オスの臀鰭は特に立派で鰭膜を支える軟条も太い。体側は銀白色が強く、淡い朱色の模様が不規則に入る。産卵期は6〜8月で、婚姻色が現れたオスの体側は青緑色になり、不規則な模様も鮮やかになる。産卵は川岸近くの流れのゆるやかな砂底で行われる。河川中流から下流、湖沼にすみ、藻類や落下昆虫、小形の水生生物などを食う雑食性。

コイ目コイ科

コイ目コイ科

従来「カワムツB型」と呼ばれていた種。岐阜県産

カワムツ *Nipponocypris temminckii*
地 ムツ、モツ ／ 漢 川鯥

ダニオ亜科カワムツ属

上流 中流

長 15cm

分 東海地方・能登半島以西の本州、四国、九州、淡路島、小豆島、壱岐、五島列島福江島。移殖により宮城県、関東地方

食 白焼き、から揚げ、甘露煮

体側には濃紺色の縦帯があり、体形はやや丸みを帯び、体幅も厚い。胸鰭および腹鰭は黄色。主に河川上流から中流に生息し、淵や岸近くの流れがよどんだ場所に多い。昆虫のほか藻類なども食う雑食性。産卵期は5〜8月で、雌雄ともに口の周りに追星が現れるが、オスのほうがより大きい。また顎から腹にかけて婚姻色で赤くなる。移殖により関東地方などにも定着している。

・コイ目コイ科

従来「カワムツA型」と呼ばれていた種。埼玉県産

ヌマムツ *Nipponocypris sieboldii*
地 ムツ、モツ ／ 漢 沼鯥

ダニオ亜科カワムツ属

中流　下流　池

長 15cm

分 東海地方、濃尾平野以西の本州、四国瀬戸内側、九州北部に自然分布。移殖により関東地方

食 白焼き、から揚げ、甘露煮

カワムツによく似るが、ヌマムツのほうがスマートで吻端がとがる。また胸鰭と腹鰭は赤い。特に鰭が赤いという特徴は幼魚のうちから顕著で、カワムツとの識別点となる。主に河川下流やため池など、流れのゆるやかな水域に生息するが、中流でも堰堤によって川が仕切られると流れがよどむため、本種がすみつくケースがある。カワムツと混棲することも多い。

063

コイ目コイ科

利根川では餌となる水草の減少に伴い本種も減った。さいたま水族館

ソウギョ *Ctenopharyngodon idellus*
地 — ／ 漢 草魚

ソウギョ亜科ソウギョ属

下流　湖沼　池

- 長 100cm
- 外 要注意外来生物
- 分 利根川、江戸川水系で自然繁殖。そのほか全国で野生化／原産地は中国、アムール川
- 食 中華料理の丸揚げの材料に使われる

中国大陸原産の淡水魚で、ふつう1mを超える大形魚。鱗の大きさや体色はコイ（p.28）に似るが、ソウギョの背鰭基底は短く眼の位置が低い。また口ひげがないのも本種の特徴。水草を好んで食う草食性で、岸近くにやってきて水辺に生える抽水植物も食う。食性が注目されて国内各地に放流されているが、流下卵を産むため、自然繁殖が確認されているのは利根川水系のみ。

全長160cmに達する本種は、淡水魚の中では国内最大級。さいたま水族館

アオウオ *Mylopharyngodon piceus*
地 ― ／ 漢 青魚

ソウギョ亜科アオウオ属

下流　湖沼

- 長 120cm
- 外 要注意外来生物
- 分 利根川、江戸川水系で自然繁殖。群馬県や岡山県で野生化／原産地は中国、アムール川
- 食 上海料理では煮つけ、味噌煮にするという

ソウギョに似るが、背がわずかに盛り上がる。また鱗に黒い縁取りがない点で、幼魚のうちからソウギョと識別できる。体色はその名が示す通り青黒い。主に水底付近を遊泳し、川底にすむ貝類や甲殻類を好んで食う。産卵生態はソウギョと同じだが、ソウギョが水面付近で産卵するのに対し、本種は水中で産卵する。霞ヶ浦では養殖生簀(いけす)から逃げ出した個体が増えている。

コイ目コイ科

コイ目コイ科

体側に黒色縦帯があり、その上に金色の縦条が入る。山形県産

アブラハヤ *Rhynchocypris lagowskii*
地 アブラメ、アブラザコ、アブラムツ、アブラモロコ、ボヤ ／ 漢 油鮠

ウグイ亜科ヒメハヤ属

上流　中流　湖沼　小川

長 13cm

分 日本海側は青森県〜福井県、太平洋側は青森県〜岡山県までの本州

本種を手に取ると、鱗が細かくぬめりが強いぬるぬるした感触から、和名の「アブラ」の由来がよくわかる。河川上流から中流、小川、湖沼などに生息し、水深があまり深くならない水域に多い。産卵期は4〜7月で、この時期のメスは吻がへら状に突出する。このような形態の変化は、川底の砂利に突っ込んで産卵するという生態に関連していると考えられている。

コイ目コイ科

水深数cmという浅い流れにもすむタカハヤ。福井県産

タカハヤ *Rhynchocypris oxycephalus*
地 ウキ、タニバエ、ドロバエ、ヤマモトカンスケ ／ 漢 高鮠

ウグイ亜科ヒメハヤ属

上流　中流　小川

長 10cm

分 神奈川県西部・福井県以西の本州、四国、九州

アブラハヤに似るが、本種には明瞭な黒色縦帯がなく、体側に小さな暗色斑が散在する。またアブラハヤに比べて尾柄が高く、尾鰭後縁の湾入は浅い。河川上流から中流に生息するが、山地が海岸まで迫る地域の小河川では、河口近くでもその姿が見られる。主に小形の水生生物を好むが、植物質も食う雑食性。産卵期はアブラハヤとほぼ同じで、メスの吻端も同様に突出する。

コイ目コイ科

メスの吻はタカハヤやアブラハヤと異なり突出しない。北海道産

ヤチウグイ *Rhynchocypris perenurus*
地 ドブウグイ、ダルマハヤ ／ 漢 谷地鯎

ウグイ亜科ヒメハヤ属

池 小川

長 12cm

R 準絶滅危惧 (NT)

分 北海道／サハリン

アブラハヤ (p.66) に似るが、眼が大きく吻が丸みを帯び、体高が高く体はずんぐりしている。また頭部もアブラハヤやタカハヤ (p.67) に比べて大きい。大形個体では下顎が角張り、口がやや上を向く点でも異なる。本種は国内では北海道だけに分布し、流れのゆるやかな河川や湿原、その周辺の池沼に生息する。小形の水生生物から藻類まで食う雑食性。産卵期は5〜7月。

コイ目コイ科

産卵場に現れたマルタ。東京都

婚姻色の赤は腹側だけに現れる。東京都

マルタ
Tribolodon brandtii maruta
地 ウシマルタ、オオガイ
漢 丸太(じょう)

ウグイ亜科ウグイ属

中流　下流　河口　湖沼

長 50cm

分 岩手県〜神奈川県。

食 塩焼などで賞味

ウグイ（p.72）に似るが頭部が丸みを帯びる。主に内湾に生息し、若魚も海水の影響を受ける河口に多い。産卵期は地域によって異なり、多摩川では桜の開花時期にピークとなる。産卵に先駆けて河川に遡上し、2月下旬ごろから群れで泳ぐ姿が確認される。産卵は瀬で行われ、水しぶきを上げる姿が見られる。

コイ目コイ科

ウケクチウグイの若魚。福島県産

全長60cmほどの大形個体の頭部。
福島県

ウケクチウグイ
Tribolodon nakamurai
地 ホオナガ
漢 受口鯎

ウグイ亜科ウグイ属

中流

- 長 60cm
- R 絶滅危惧ⅠB類(EN)
- 分 秋田県〜長野県までの日本海にそそぐ河川

和名が示す通り、下顎が突出した受け口をしている。また下顎先端が黒ずむ。これらの特徴は全長5cmほどの幼魚でも顕著に現われる。小魚やエビなどを好んで食う雑食性。河川中流域に生息するが、季節ごとに大きく移動しており、産卵期には瀬が続く場所、それ以外の季節にはやや水深が深くゆったりと流れる「とろ場」で過ごすようだ。

コイ目コイ科

一見しただけではウグイとの違いがわからないほどよく似ている。北海道

エゾウグイ *Tribolodon ezoe*

地 ウグイ、ネズミジャコ ／ 漢 蝦夷鯎

ウグイ亜科ウグイ属

上流　中流　下流　湖沼

- 長 25cm
- R 東北地方のエゾウグイ：絶滅のおそれのある地域個体群（LP）
- 分 北海道、東北地方
- 食 甘露煮や塩焼き

ウグイ（p.72）に酷似するが、臀鰭がウグイはやや湾入するのに対し、エゾウグイでは外側に膨らむという違いがある。産卵期にも婚姻色はあまり現われず、オスの頬と胸鰭、腹鰭、臀鰭の基部がわずかに赤く染まる程度で、ウグイのような鮮やかさはない。メスは吻端がヘラ状に伸び、著しく突出する。これはアブラハヤ（p.66）と同じ理由によると考えられている。

071

コイ目コイ科

平常色の夏のウグイ。静岡県

ウグイ *Tribolodon hakonensis*
地 アイソ、アカウオ、アカハラ、イス、イダ、オオガイ、オオゲエ、クキ、ハヤ、ジャッコ ／ 漢 鯎、石斑魚

ウグイ亜科ウグイ属

上流 中流 下流

河口 湖沼

長 30cm

分 北海道、本州、四国、九州／南千島、サハリン、アムール川、沿海州～朝鮮半島

河川上流から河口、湖沼など淡水域のあらゆる環境に生息する。さらに淡水域のみならず海に降りるものもおり、漁港の中などで群れで泳ぐ姿が見られる。北海道から九州まで分布するため、産卵期は地域によって異なるが、大体桜の

コイ目コイ科

産卵のために大群を形成したウグイ。山梨県

開花時期に始まる。奥多摩地域では4月中旬ごろに産卵が始まり、それに先駆けてまとまった雨が降ると奥多摩湖から流入河川に遡上し、瀬で大きな群れをつくる。産卵は30cm近い大形の個体から始まり、季節が進むごとに産卵に参加する個体は小さくなる。産卵時には、時に数百匹の大群を形成し、ピークに達すると人が近づいても逃げることなく産卵を続ける。雌雄ともに婚姻色が現れ、体側には3本の赤色縦条が現れる。

コイ目コイ科

関東地方では「クチボソ」の名が一般的なモツゴ。千葉県産

モツゴ *Pseudorasbora parva*
地 ヤナギバヤ、イシモロコ、クチボソ　／　漢 持子

ヒガイ亜科モツゴ属

下流　池　湖沼
小川　水路

- 最 8cm
- 分 関東地方以西の本州、四国、九州。移殖により北海道、東北地方、沖縄県／朝鮮半島、台湾、アジア大陸東部
- 食 佃煮、素焼き

体側には黒色の明瞭な縦条が入り、特に若魚では鮮明。河川下流域や水田地帯を流れる農業用水路、湖沼やため池など流れのゆるやかな場所を好む。産卵期は4～7月で、この時期のオスは婚姻色で黒ずみ、口の周りに追星(おいぼし)が現われる。産卵は、川底の石や木の枝をオスが掃除し、そこにメスを迎え入れて行われる。産みつけられた卵は、孵化するまでオスによって守られる。

コイ目コイ科

モツゴが侵入すると交雑によってシナイモツゴが姿を消す。新潟県産

シナイモツゴ *Pseudorasbora pumila pumila*

地 アブラヤナギ、メロズ、ノマザッコ　／　漢 品井持子

ヒガイ亜科モツゴ属

池

長 7cm

R 絶滅危惧ⅠA類（CR）

分 新潟県、長野県、関東平野以北の本州。移殖により北海道

モツゴに似るが体色はあめ色で、頭部も大きくずんぐりしている。また側線はモツゴが完全なのに対し、本種は前方の2〜5鱗に限られる。かつては平野部の河川下流域や湖沼にも生息していたが、同属のモツゴが侵入したことで、本種が絶滅した水域も多い。現在は山間部に点在するため池が主な生息地だが、オオクチバス（p.194）の密放流によってさらに減少している。

075

自然下ではほとんどその姿を見ることができないウシモツゴ。愛知県産

ウシモツゴ *Pseudorasbora pugnax*
地 ウシモロコ、ケンカモロコ ／ 漢 牛持子

ヒガイ亜科モツゴ属

池

- 長 7cm
- R 絶滅危惧ⅠA類(CR)
- 分 愛知県、岐阜県、三重県

日本産モツゴ属の中では、最もずんぐりした体形をしている。体側にはモツゴ(p.74)やシナイモツゴ(p.75)に見られる縦条がないか、あっても幼魚のうちにうっすらと現われる程度。側線は不完全で前方の2〜5鱗に限られる。かつては平野部のため池や農業用水路などにも生息していたが、埋め立てや圃場整備による生息環境の悪化で著しく減少している。

コイ目コイ科

湖底を泳ぐビワヒガイのつがい。山梨県

ビワヒガイ *Sarcocheilichthys variegatus microoculus*
地 ヒガイ、ツラナガ、トウマル ／ 漢 琵琶鰉

ヒガイ亜科ヒガイ属

下流　湖沼　小川

- 長 17cm
- 分 滋賀県琵琶湖、瀬田川。移殖により東北地方、関東平野、山梨県、北陸地方、長野県、高知県
- 食 塩焼やから揚げ、南蛮漬けなど

主に湖底付近を単独ないし数匹の群れで遊泳している。琵琶湖の固有亜種だが、移殖により各地で見られる。水生昆虫や小形の巻き貝を好んで食う。本亜種を含むヒガイ属はイシガイやドブガイなどの二枚貝に卵を産む。ただし同じように二枚貝に産卵するタナゴ亜科が鰓葉内に産むのに対し、ヒガイ属は外套（がいとう）内に産みつける。産卵期は4〜7月で、産卵期のメスは産卵管が伸長する。

コイ目コイ科

背鰭の黒斑はビワヒガイに比べ不明瞭。滋賀県産

アブラヒガイ *Sarcocheilichthys biwaensis*
地 ／ 漢 油鰉

ヒガイ亜科ヒガイ属

湖沼

- 長 17cm
- R 絶滅危惧ⅠA類(CR)
- 分 滋賀県琵琶湖

近似種のビワヒガイ（p.77）は腹が白いのに対し、本種は腹も体側とほぼ同じ色をしている。メスの体色は飴色だが、オスはやや青味がかり、婚姻色が現われると黒ずむ。幼魚や若魚は体側に黒い縦条が入るが、成長に伴い不明瞭となる。主に琵琶湖北部や東部の岩礁地帯に生息するが、近年は激減しており、潜水観察でも見つからない。産卵期は4～6月。

コイ目コイ科

カワヒガイの産卵の瞬間。岡山県産

カワヒガイ *Sarcocheilichthys variegatus variegatus*
地 アカメ、サクラバエ、ホヤル、ヤナギバエ ／ 漢 川鰉

ヒガイ亜科ヒガイ属

中流

長 12cm

R 準絶滅危惧 (NT)

分 濃尾平野、山口県を除く山陽地方、九州北西部、壱岐

ビワヒガイ (p.77) に似るが、吻が短く頭部は丸みを帯びる。尾柄がやや高いため、他のヒガイ属に比べてずんぐりした印象を受ける。体色や模様はビワヒガイに酷似し、オスの婚姻色もほぼ同じ。主に河川中流域に生息し、砂礫底に多い。特にオオカナダモのような水草が豊富に生える場所や、岸近くのツルヨシが茂る場所で本種をよく見かける。産卵期は5〜7月。

079

コイ目コイ科

茶色い体に黒色縦条がよく目立つムギツク。岡山県産

ムギツク *Pungtungia herzi*
地 アブラメ、イシツツキ、スボクチ、イワコツキ、ニナスイ ／ 漢 麦突

ヒガイ亜科ムギツク属

中流

長 10cm

分 福井県・岐阜県・三重県以西の本州、四国北東部、九州北部。移殖により関東地方／朝鮮半島

食 素焼きなど

体はやや細長く、吻端に小さな口があり、短いひげが1対ある。体側には吻端から尾鰭基底まで明瞭な黒色縦条が入るが、老成魚では不明瞭になる。河川中流域に生息するが、流れのゆるやかな場所を好み、淵などに多い。産卵期は5〜6月で、同時期に産卵期を迎えるオヤニラミ（p.188）やドンコ（p.220）の卵の周りに産卵し、一緒に保護してもらう「托卵」をすることが知られる。

河川改修により直線化された小川でもよく見られるタモロコ。千葉県産

タモロコ *Gnathopogon elongatus elongatus*

地 カキバヤ、スジモロコ、ミゾバエ、ホンモロコ ／ 漢 田諸子

バルブス亜科タモロコ属

・コイ目コイ科

中流　下流　池
湖沼　小川　水路

長 8cm

分 関東地方以西の本州、四国。移殖により東北地方、九州

食 佃煮や甘露煮、味噌焼きなど。大阪府では佃煮用に養殖されている

タモロコは生息環境によって体形が異なることが知られており、琵琶湖とその流入河川にすむものが極端に丸みを帯びるのに対し、福井県三方湖にすむものはホンモロコ（p.82）のように細身で受け口になる。河川中流から下流、湖沼やため池、農業用水路などさまざまな環境にすむが、特に水田地帯を流れる小川に多く見られる。産卵期は4〜7月。雑食性。

コイ目コイ科

琵琶湖では主に沖合中層を遊泳し、群れで生活する。滋賀県産

ホンモロコ *Gnathopogon caerulescens*

地 モロコ、ヤナギモロコ ／ 漢 本諸子

バルブス亜科タモロコ属

🟠 湖沼

- 長 12cm
- R 絶滅危惧ⅠA類（CR）
- 分 滋賀県琵琶湖。移殖により東京都、山梨県、長野県、岡山県など
- 食 素焼き、塩焼、甘露煮、天ぷらなど

タモロコ（p.81）に似るが、遊泳に適したスマートな体形をしている。吻端はとがり口がやや上を向く。主に動物プランクトンを食う。本種は琵琶湖の固有種だが、味の良さから各地の湖やダム湖などに移殖されている。また、最近は琵琶湖から遠く離れた埼玉県で、休耕地となった水田を利用した養殖が盛んに行われている。産卵期は3〜7月で、岸近くの水草などに卵を産む。

コイ目コイ科

琵琶湖のエリ漁ではよくかかる魚種の一つ。滋賀県産

ゼゼラ *Biwia zezera*
地 イイサン、エンドス、ハナタレ、ボウズモロコ　／　漢

カマツカ亜科ゼゼラ属

中流　下流　湖沼

長 6cm

R 絶滅危惧Ⅱ類（VU）

分 濃尾平野以西の本州、九州北西部。移殖により関東地方、新潟県

食 佃煮やから揚げなど

カマツカ（p.84）やツチフキ（p.87）に似るが、吻が丸く短いため眼が頭部に対して大きい印象を受ける。口ひげはない。河川中流から下流、湖沼に生息し、流れのゆるやかな砂底を好む。水中では底からわずかに浮いて泳ぐ。産卵期は4～7月で、岸近くのヨシの根元に卵を産みつけ、卵塊はオスによって守られる。淀川とその支流には体がずんぐりした別種ヨドゼゼラがいる。

コイ目コイ科

カマツカは警戒心が薄く撮影しやすい。静岡県

カマツカ *Pseudogobio esocinus esocinus*
地 アサガラ、スナホリ、スナモグリ、スナクジ、カマギシ、カマスカ、カモスカ
漢 鎌柄

カマツカ亜科カマツカ属

中流　下流　湖沼　小川

長 20cm

分 岩手県、山形県以南の本州、四国、九州、壱岐。移殖により青森県／朝鮮半島、中国北部

食 塩焼、から揚げ、天ぷらで賞味

川底に暮らす日本産カマツカ亜科の中では最も大きく成長し、顔はとがる。よく伸びる口が頭部下面にあり、この口を砂中に突っ込んで砂ごと餌を吸い込み、鰓孔（さいこう）から砂だけを吐き出し餌をとる。主に小形の底生生物を食う。河川中流から下流、湖沼に生息し、砂底を好む。大きな胸鰭を広げて水底にへばりつくように生活するが、砂中に潜って

● コイ目コイ科

危険を感じると砂に潜る。広島県

隠れていることも多い。カマツカはこれまで1種だと考えられていたが、最近、遺伝的に異なる3つのグループ（Group1〜3）の存在が明らかにされている。これらのグループは互いに酷似するが、グループ間で口唇の形状や吻、ひげの長さ、斑紋に違いがあり、それぞれが別種と考えられている。産卵期は5〜6月。

伸ばした口を砂中に突っ込み餌をあさる。岐阜県産

コラム 小さな違いが新種発見につながる?!

　日本の川や湖は、海に比べて非常に狭く、浅い水域です。さらに人が立ち入ることができないような場所はほとんどありません。そのため、そこにすむ生物についてはよく調べられており、淡水魚に限って言えば、すべての種が調べられているのではないかと思えるほどです。しかし、それでも数年に一度、新種が見つかっているのです。

　このように新種として報告される淡水魚の多くは、それまでまったく存在が知られていなかった魚ではなく、むしろふだん何気なく見ていた魚です。ある魚をよく調べてみたら、その中によく似た別の種が含まれていた、ということです。

　例えば、カワムツとヌマムツは非常によく似ており、かつては区別されずに同じ種と考えられていました。しかし、あるときカワムツの中に胸鰭や腹鰭が黄色いものと赤いものがいることに気づいた人がいました。その人は、鰭の色が違うカワムツは、生息環境も違うことを突き止めました。鰭が黄色いカワムツは、主に河川上流から中流の流れがある場所にすみ、一方、鰭が赤いカワムツは、流れのゆるやかな下流に多かったのです。このことから鰭の黄色いカワムツと赤いカワムツを別種と考えました。そして2003年、鰭が赤いカワムツは新種として発表され、ヌマムツという新しい和名が提唱されたのです。

　カワムツとヌマムツのほかにも、1種と考えられていた魚種の中に、実は別の種が含まれていたというケースがいくつもあります。ギバチとアリアケギバチや、ドンコとイシドンコなどもその例です。今後も1種と考えられていた魚の中から、よく似た新種が見つかるかもしれません。そしてそれは、川や湖で見かける機会が多い普通種の中に含まれているかもしれないのです。同じ種と思える魚であっても、先入観を持たずに細かく観察してみてはどうでしょう。もしかしたら小さな違いに気づき、それが大きな発見につながるかもしれません。

コイ目コイ科

利根川水系で増えているツチフキ。埼玉県産

ツチフキ *Abbottina rivularis*
地 スナモロコ、ドロモロコ、キツネモロコ　／　漢 土吹

カマツカ亜科ツチフキ属

中流　下流　池
湖沼　水路

- 長 8cm
- R 絶滅危惧ⅠB類（EN）
- 分 濃尾平野、近畿地方、山陽地方、九州北西部。移殖により宮城県、新潟県、関東地方／朝鮮半島、中国東部

眼から吻端にかけて黒色帯があり、口には1対の短いひげがある。背鰭外縁は丸みを帯び、特に成熟したオスの背鰭は大きくなる。河川中流から下流、湖沼や農業用水路に生息し、流れのゆるやかな泥底を好む。泥中のイトミミズや藻類などを食う雑食性。産卵期は4〜5月で、オスが50cm以浅の川底に直径20〜40cmのすり鉢状の巣を作る。卵はオスによって守られる。

コイ目コイ科

コイに似ていることが和名の由来。茨城県産

ニゴイ
Hemibarbus barbus
地 アラメ、カワゴイ、サイ、セイ
漢 似鯉

カマツカ亜科ニゴイ属

ニゴイ
茨城県産

中流　下流　湖沼

- 長 50cm
- 分 中部地方以北の本州、山口県、九州
- 食 天ぷらやから揚げなど。旬は春

スマートな体形で、顔はとがり背鰭基底は短い。河川中流から下流、湖沼に生息する。小形の水生生物を食うが、大形個体は魚食性が強くルアーによく食いつく。産卵期は5〜6月。この時期、湖沼にすむものは流入河川に遡上して群れを作る。産卵は瀬の礫底で行われ、特に天気がよく水温が高い日に見られる。

コイ目コイ科

ニゴイの皮弁。茨城県産

コウライニゴイの皮弁。岡山県産

コウライニゴイ
Hemibarbus labeo
地 カワゴイ、イダ
漢 高麗似鯉

カマツカ亜科ニゴイ属

コウライニゴイ
岡山県産

中流　下流　湖沼

長 50cm

分 中部〜山陽地方、四国／朝鮮半島、中国、台湾、海南島

食 天ぷらやから揚げなど。旬は春

国内では中国地方を中心に分布するニゴイの仲間。海外では朝鮮半島や中国などに広く分布する。ニゴイに酷似するが、口唇(こうしん)の皮弁(ひべん)がニゴイに比べて明らかに長い。ただし、この特徴は幼魚には現れないようで、同定には産地の情報も重要になる。生息環境や習性はニゴイとほぼ同じ。

コイ目コイ科

時に砂に潜ることもあるという。岡山県産

ズナガニゴイ *Hemibarbus longirostris*
地 ウキカマツカ、ウキガモ ／ 漢 頭長似鯉
カマツカ亜科ニゴイ属

中流 下流

長 15cm

分 近畿地方以西の本州。移殖により静岡県、山陰地方／朝鮮半島、中国（遼河）

成長しても20cmほどにしかならない小形のニゴイ。背から体側および背鰭と尾鰭に黒点が密在し、カマツカ（p.84）に似た雰囲気をもつ。河川中流から下流に生息し、砂礫底の水底近くを数匹で泳いでいることが多い。主に小形の水生生物などを食う。産卵期は5〜6月で、産卵時にはメスがオイカワ（p.61）のように大きい臀鰭で、砂をかき混ぜながら砂中に卵をばらまく。

コイ目コイ科

西日本では河川中流域を代表する魚。岡山県産

イトモロコ *Squalidus gracilis gracilis*
地 シラハエ、ソコバエ、ホソモロコ ／ 漢 糸諸子

カマツカ亜科スゴモロコ属

中流

長 6cm

分 濃尾平野以西の本州、四国北東部、九州北部、壱岐、五島列島福江島　移植により神奈川県、静岡県

側線鱗が他の鱗に比べて上下に幅広く、体側には暗色縦条がある。背はわずかに盛り上がり、体高が高い。よく似る同属のデメモロコ（p.92）とは口ひげが瞳孔径より長い点で識別できる。主に河川中流の砂礫底域に生息し、岸近くの流れのゆるやかな場所に数匹の群れで生活する。水生昆虫のような小形の水生生物や、付着藻類などを食う雑食性。産卵期は5〜6月。

コイ目コイ科

琵琶湖ではスゴモロコに混じって釣れる。滋賀県産

デメモロコ *Squalidus japonicus japonicus*
地 ヤナギモロコ、ヒラスゴ　／　漢 出目諸子

カマツカ亜科スゴモロコ属

湖沼　水路

- 長 10cm
- R 絶滅危惧Ⅱ類（VU）
- 分 濃尾平野、滋賀県琵琶湖
- 食 ホンモロコの代用として利用される。塩焼、佃煮など

背がやや盛り上がり、イトモロコ（p.91）に似るが側線鱗は幅広ではない。また、口ひげは瞳孔径より短い。琵琶湖では主に岸近くの底層付近にすみ、濃尾平野では農業用水路などに見られる。琵琶湖のデメモロコは非常に神経質で、長期間の飼育が難しい。ただし、濃尾平野産のデメモロコの飼育は比較的容易で、琵琶湖産のものとは性格に違いがある。産卵期は4～6月。

コイ目コイ科

移殖により利根川水系ではふつうに見られるほど数が多い。千葉県産

スゴモロコ *Squalidus chankaensis biwae*
地 マルスゴ、ゴンボウスゴシ ／ 漢 —

カマツカ亜科スゴモロコ属

- 下流 湖沼
- 長 10cm
- R 絶滅危惧Ⅱ類（VU）
- 分 滋賀県琵琶湖。移殖により関東平野、静岡県、高知県
- 食 ホンモロコの代用として利用される。塩焼、佃煮など

体形は細く、背はほとんど盛り上がらない。移殖地の1つである利根川では、主に下流域や周辺の河跡湖など、比較的流れのゆるやかな砂底に多く見られる。原産地の琵琶湖では、水深10m付近のやや深い場所に多いというが、利根川水系では岸寄りの水深1m前後で釣れることが多い。主に水底付近を遊泳し、水生昆虫など小形の水生生物を食う。産卵期は5〜6月。

コイ目コイ科

スゴモロコに比べて体がやや太いコウライモロコ。岡山県産

コウライモロコ *Squalidus chankaensis* subsp.

地 タカチロー、ヤナギバエ ／ 漢 高麗諸子

カマツカ亜科スゴモロコ属

中流　下流　水路

- 長 9cm
- 分 濃尾平野、和歌山県〜広島県までの本州瀬戸内側、四国北東部
- 食 塩焼やつくだ煮などに利用される

琵琶湖固有亜種のスゴモロコ（p.93）に酷似するが、スゴモロコに比べて体高がやや高く、体がいくぶん太く見える。体側には緑がかった金色の縦条があり、その上に暗色斑が並ぶ。主に河川中流から下流に生息し、群れを作って生活する。特に砂底や砂礫底に多く見られるが、両岸をコンクリートで固められ直線化された農業用水路にもすむ。産卵期は5〜7月。

コイ目ドジョウ科

隙間を利用しやすい、昔ながらの石垣護岸の周辺を好む。大阪市水道記念館

アユモドキ *Parabotia curtus*
地 ウミドジョウ、アイハダ、アモズ　／　漢 鮎擬

アユモドキ亜科アユモドキ属

中流　下流　小川

長 15cm

R 絶滅危惧ⅠA類（CR）

分 琵琶湖・淀川水系、岡山県

体はやや側扁し、ドジョウ科の中では最も体高が高い。体側には7～9本の暗色横帯があるが、大形個体では不明瞭なこともある。河川本流の中流から下流、そこにつながるやや流れのある水路に生息し、隠れ家となるような岩場を好む。主に小形の水生生物を食う。産卵期は6～8月で、雨によって水田などから水があふれ出すと、生活場所である水路から進入して産卵する。

コイ目ドジョウ科

メダカとともに水田地帯を代表する淡水魚。千葉県産

黄化個体は"ヒドジョウ"の名で、観賞魚として流通する。養殖個体

ドジョウ *Misgurnus anguillicaudatus*
地 マドジョウ、ヌマドジョウ、タドジョウ ／ 漢 鰌、泥鰌

シマドジョウ亜科ドジョウ属

池　小川　水路

- 長 15cm
- R 情報不足(DD)
- 分 日本全国／サハリン、中国、北ベトナム、海南島、台湾、朝鮮半島、イラワジ川
- 食 柳川鍋が有名だが、ほかに味噌汁、かば焼き、から揚げなどでも賞味される

体は茶褐色で細長く、背や体側上部に暗色斑が散在する。主に水田や周辺の農業用水路などに生息する。このような水域は農閑期となる冬に水がなくなることもあるが、ドジョウは泥の中に潜って越冬する。また、貧酸素状態になると水面で空気を直接吸い、腸に送って呼吸することができる。産卵期は5〜6月で、田植えが終わった水田に進入し、メスにオスが巻きついて行う。

注意深く観察しないとドジョウとの識別は難しい。埼玉県産

カラドジョウ *Paramisgurnus dabryanus*
地 ― ／ 漢 唐泥鰌

シマドジョウ亜科ドジョウ属

小川　水路

- 長 15cm
- 外 要注意外来生物
- 分 宮城県、栃木県、茨城県、埼玉県、静岡県、長野県、香川県／原産地は朝鮮半島、中国
- 食 ドジョウの代用に利用されるが、やや骨が硬いという

ドジョウに酷似するが、体は寸胴で口ひげが長い。体色は金色がかった茶色で、ドジョウに比べて明るい体色の個体が多い。主に水田や周辺の農業用水路に生息し、泥底を好む。生息環境がドジョウと重なるので、本種が定着した水域では在来種のドジョウと混生していることが多く、両種の間に餌や生息場所などを巡る競争が起きていると考えられる。

コイ目ドジョウ科

三重県の清流で見つけたアジメドジョウ。三重県

アジメドジョウ *Niwaella delicata*
地 アジメ、ゴマドジョウ ／ 漢 味女泥鰌

シマドジョウ亜科アジメドジョウ属

`上流` `中流`

- 8cm
- R 絶滅危惧Ⅱ類(VU)
- 中部地方、近畿地方
- 煮つけや吸い物で賞味

体色はシマドジョウ(p.101)やイシドジョウに似るが、シマドジョウ属の頭部には眼から吻端にかけて黒色帯があるのに対し、アジメドジョウではこれを欠く。河川上流から中流の水がきれいで流れのある水域に生息する。落ち込みの下の礫底を好み、主に岩の表面に生える藻類を食う。産卵期は春と考えられている。伏流水中で越冬することが知られる。

コイ目ドジョウ科

礫の下に潜んでいたイシドジョウ。広島県

イシドジョウ *Cobitis takatsuensis*
地 ー ／ 漢 石泥鰌

シマドジョウ亜科シマドジョウ属

上流

- 長 6cm
- R 絶滅危惧ⅠB類（EN）
- 分 広島県、島根県、山口県、福岡県

小形のドジョウで、最大で8cmほどまで成長するものの、ふつうは5cm前後のものが多い。シマドジョウ属の多くは尾柄が体よりも若干細いが、本種はほぼ同じ太さで寸胴に見える。河川上流域に生息し礫底を好み、アマゴ（p.156）がすむような環境に見られる。ただし礫の隙間に隠れていることが多いため、なかなか姿を見ることはできない。産卵期は5〜7月。

コイ目ドジョウ科

高知県の小規模河川では、河口に近い水域でも見つかる。高知県

模様が細かい愛媛県のヒナイシドジョウ。愛媛県

ヒナイシドジョウ *Cobitis shikokuensis*
地 — ／ 漢 雛石泥鰌

シマドジョウ亜科シマドジョウ属

上流　中流

- 長 5cm
- R 絶滅危惧ⅠB類(EN)
- 分 愛媛県、高知県

体形がよく似るイシドジョウ（p.99）は体側に黒色縦条が入るが、ヒナイシドジョウは暗色斑が破線状に並ぶものが多い。ただし、ヒナイシドジョウの間でも生息河川ごとに模様が異なり、いろいろな河川のものを見比べると、同種とは思えないほどの違いがある。主に河川上流から中流に生息するが、イシドジョウに比べると標高が低い場所に多い。礫底や砂礫底を好む。

東日本に分布する小形のシマドジョウ。千葉県産

ヒガシシマドジョウ *Cobitis* sp. BIWAE type C
地 — / 漢 東縞泥鰌

シマドジョウ亜科シマドジョウ属

中流　小川

- 長 11cm
- 分 中部地方以東の本州
- 賞 栃木県では押し寿司や卵とじなどで賞味

河川によって体側や背の斑紋、尾鰭の模様に違いがあるが、黒色斑が体側に並ぶ点は一致する。関東地方の個体群は体が小さく、最大でも8cm程度にしかならない。

ニシシマドジョウ
Cobitis sp. BIWAE type B
地 — / 漢 西縞泥鰌

中流　小川

- 長 10cm
- 分 中部地方以西の本州

尾鰭基部に並ぶ2つの黒点のうち、腹側のものが薄い傾向がある。岐阜県産

オオシマドジョウ
Cobitis sp. BIWAE type A
地 — / 漢 大縞泥鰌

中流　小川

- 長 13cm
- 分 本州、四国の瀬戸内海流入河川、一部の日本海流入河川、大分県

尾鰭基部の2つの黒点は繋がることが多いが、写真の個体のように腹側が薄いものもいる。広島県

コイ目ドジョウ科

山口県に分布するヤマトシマドジョウY94。山口県産

九州に分布するヤマトシマドジョウY86。佐賀県産

ヤマトシマドジョウ *Cobitis matsubarae*

地 タイリクシマドジョウ　／　漢 大和縞泥鰌

シマドジョウ亜科シマドジョウ属

中流

- 長 11cm
- R 絶滅危惧Ⅱ類(VU)
- 分 山口県、九州の有明海流入河川

体形、体色ともにシマドジョウ(p.101)に酷似するが、オスの骨質盤は円形(シマドジョウは先端部がくちばし状)。また、体側の黒色斑がつながる縦条型もたまに見られる。本種には染色体数が異なる3種が存在するが、外見から識別することはできない。主に河川中流域に生息し、水がゆるやかに流れる砂礫底を好む。砂中の小形水生生物や藻類を食う雑食性。産卵期は4～5月。

体側の縦条や尾鰭の斑紋がくっきりしている中形種。岡山県産

チュウガタスジシマドジョウ *Cobitis striata striata*
地 — ／ 漢 中型條縞泥鰌

シマドジョウ亜科シマドジョウ属

中流　下流

- 長 10cm
- R 絶滅危惧Ⅱ類（VU）
- 分 本州・四国の瀬戸内側

雌雄ともに体側に黒色縦条があり、また季節に関係なく頭部から尾鰭付け根にかけてつながる。尾鰭の模様は軟条、鰭膜（きまく）も含めて黒く染まり、2〜3列の同心円状に規則正しく並ぶ個体が多い。主に河川中流域に生息し、やや流れのゆるやかな砂底に多く見られる。冬は、砂底の狭い範囲の砂の中からたくさんの本種が見つかることがある。産卵期は6〜7月。

コイ目ドジョウ科

コイ目ドジョウ科

分布が重なる中形種とは尾鰭の模様が異なる。岡山県産

サンヨウコガタスジシマドジョウ
Cobitis minamorii minamorii　地 —　/　漢 山陽小型條縞泥鰌

シマドジョウ亜科シマドジョウ属

小川　水路

- 6cm
- 絶滅危惧ⅠA類（CR）
- 兵庫県〜広島県

体側中央の縦条はところどころで途切れ、特に後方で破線状になる傾向にある。背中線に並ぶ斑紋は、背鰭より前では円形に近い。また尾鰭の模様は不規則。水田地帯を流れる農業用水路や周辺の小河川にすむが、やや流れのある場所を好み、砂泥底に多く見られる。本種は比較的狭い範囲でまとまって捕れることが多いことから、生息環境に対するこだわりが強いのかもしれない。

産卵期を迎えたオス。愛知県産

トウカイコガタスジシマドジョウ
Cobitis minamorii tokaiensis　　地 —　／　漢 東海小型條縞泥鰌

シマドジョウ亜科シマドジョウ属

小川　水路

長 6cm

R 絶滅危惧ⅠB類(EN)

分 静岡県〜三重県

体側中央には雌雄ともに黒色斑が並ぶが、産卵期を迎えるとオスの黒色斑はつながり縦条になる。体は小形種の中では太く、ずんぐりして見える。主に水田地帯を流れる農業用水路に生息し、あまり流れのない泥底や砂泥底を好む。小形種の中では東海型は比較的個体数が多いため、見かける機会が多い。ミナミメダカ(p.175)やトウカイヨシノボリ(p.277)が同所的に生息する。

コイ目ドジョウ科

山陰型の背の前部には円形に近い斑紋が並ぶ。島根県産

サンインコガタスジシマドジョウ
Cobitis minamorii saninensis　地 —　／　漢 山陰小型條縞泥鰌

シマドジョウ亜科シマドジョウ属

中流　下流　水路

- 長 6cm
- R 絶滅危惧ⅠB類(EN)
- 分 兵庫県～島根県

雌雄ともに体側中央には黒色斑が並ぶが、産卵期にはオスの斑紋はつながって縦条となる。兵庫県から島根県にかけての山陰地方に分布し、水田地帯を流れる農業用水路など、あまり流れのない水域の泥底を好むが、河川本流にも生息している。本種は小形種九州型と一緒に「小形種点小型」に含められることがあるが、両型の分布は離れている。産卵期は6～7月。

体側に黒斑が並ぶメス。熊本県産

体側に縦条が現れた産卵期のオス。熊本県産

アリアケスジシマドジョウ *Cobitis kaibarai*
地 —　/　漢 有明條縞泥鰌

シマドジョウ亜科シマドジョウ属

中流　水路

- 長 6cm
- R 絶滅危惧ⅠB類(EN)
- 分 九州西北部

斑紋は分布が重なるヤマトシマドジョウ(p.102)に似るが、体は小さく6cmほどにしかならない。また、背中線の斑紋などで識別することができる。尾鰭基部にある黒色斑は、上部が濃く下部は薄い。またオスは産卵期に体側の斑紋がつながって縦条となる。河川中流域にも生息するようだが、どちらかといえば水田地帯を流れる農業用水路の泥底に多い。

コイ目ドジョウ科

背には黒斑が並び、縦条にはならない。滋賀県産

ビワコガタスジシマドジョウ
Cobitis minamorii oumiensis　地 —　／　漢 琵琶小型條縞泥鰌

シマドジョウ亜科シマドジョウ属

小川　水路

- 長 6cm
- R 絶滅危惧ⅠB類（EN）
- 分 滋賀県琵琶湖

琵琶湖固有の小形種で、主に水路に生息する。オオガタスジシマドジョウに酷似し、識別は非常に難しい。ポイントとなるのは尾柄後端に上下に並ぶ2つの黒色斑で、本種は下側の色が薄い。また尾鰭後縁の黒色横帯の幅が狭いという特徴がある。産卵期は6〜7月で、大形種に比べると1か月ほど遅い。近年、特に減少が著しく、その姿を確認するのは難しい。

コイ目ドジョウ科

尾鰭後縁の黒色横帯はよく似る小形種琵琶種族に比べて幅広い。滋賀県産

オオガタスジシマドジョウ *Cobitis magnostriata*
地 —　／　漢 大型條縞泥鰌

シマドジョウ亜科シマドジョウ属

中流　湖沼　小川　水路

- 長 10cm
- R 絶滅危惧ＩＢ類（EN）
- 分 滋賀県琵琶湖。移殖により東京都、山梨県

スジシマドジョウの中では最も大きくなり、全長10cmになる。主に琵琶湖沿岸の砂底に生息するが、5〜6月の産卵期には湖に流入する小河川に溯上し、さらにそこにつながる水田などに進入して産卵する。背中線には黒色の縦条があるが、中には途切れて破線状になっているものもいる。尾鰭付け根にある2つの黒色斑は、上下ともに濃い黒色で明瞭。

コイ目ドジョウ科

河川改修などにより土砂で礫が埋もれると姿を消す。北海道産

フクドジョウ *Noemacheilus barbatulus toni*
地 ドジョウ ／ 漢 福泥鰌

フクドジョウ亜科フクドジョウ属

上流　中流　下流　小川

長 12cm

分 北海道。移殖により福島県／シベリア、中国東北部、朝鮮半島、サハリン

食 ドジョウと同じく柳川鍋や蒲焼になるが、骨が硬いという

頭部はやや縦扁し、口ひげは口角の1対が太くしっかりしている。河川上流から下流、小川などに広く生息し、やや流れのある礫底を好む。国内では北海道だけに自然分布するが、移殖により東北地方に定着しており、特に福島県では複数の河川に定着し、個体数が非常に多い。主に水生昆虫を食う。産卵期は4〜7月で、雌雄ともに微小な追星（おいぼし）が胸鰭や鰓蓋（さいがい）に現れる。

コイ目ドジョウ科

ホトケドジョウは谷戸を代表する小魚。千葉県

幼魚。井の頭自然文化園

ホトケドジョウ
Lefua echigonia
地 オカメドジョウ、シミズドジョウ、ヤマドジョウ ／ 漢 仏泥鰌

フクドジョウ亜科ホトケドジョウ属

小川

- 長 6cm
- R 絶滅危惧ⅠB類(EN)
- 分 青森県を除く東北地方～近畿地方

ずんぐりした体形のドジョウ。谷戸を流れる小川などに生息し、特に湧水が豊富で川底に礫が転がるような場所に多い。水深数cmと浅い場所でも、条件を満たせば多数生息していることもある。川底の落ち葉や礫の下に隠れているが、飼育下では中層を泳ぐ姿がよく観察される。産卵期は4～5月。

ナガレホトケドジョウ *Lefua* sp.1
地 — / 漢 流仏泥鰌

フクドジョウ亜科ホトケドジョウ属

上流

- 長 6cm
- R 絶滅危惧ⅠB類（EN）
- 分 和歌山県から岡山県までの瀬戸内斜面、福井県と京都府の日本海側、徳島県、香川県

ホトケドジョウ（p.111）より細身で、背鰭や尾鰭には暗色斑点がほぼない。また眼から吻端に暗色線が入ることがあるが、本種と比べ不明瞭。ホトケドジョウが谷戸の細流にすむのに対し、本種は小河川の上流のやや流れのある場所に多く見られる。礫底を好み、礫の隙間に潜んでいることが多い。

トウカイナガレホトケドジョウ *Lefua* sp.2
地 — / 漢 東海流仏泥鰌

- R 絶滅危惧ⅠB類（EN）
- 分 静岡県、愛知県

ナガレホトケドジョウによく似るが、体色はやや赤みがかる。東海地方だけに分布する。

愛知県産

・コイ目ドジョウ科

体側の縦条の有無により、雌雄の識別は容易。北海道産

エゾホトケドジョウ *Lefua nikkonis*
地 ホトケドジョウ ／ 漢 蝦夷仏泥鰌
フクドジョウ亜科ホトケドジョウ属

池　小川

- 長 8cm
- R 絶滅危惧ⅠB類(EN)
- 分 北海道。移殖により青森県

ホトケドジョウ（p.111）に似るが、体形はやや細い。また本種には、雌雄ともに尾鰭付け根中央にくさび形の黒色斑がある。体側中央の黒色縦条はオスだけにあるため、雌雄の識別は容易。北海道だけに分布する固有種で、主に湿地帯をゆるやかに流れる細流や、池沼に生息する。特に岸近くに隠れ家となるような水草が豊富に生える場所に多い。産卵期は5〜7月。

ナマズ目ギギ科

琵琶湖では著しく減少しているギギ。岡山県産

ギギ *Pseudobagrus nudiceps*
地 アカギギ、ギギュウ、ギギョオ、ギンギ。別名ハゲギギ　／　漢 義々

ギバチ属

中流　下流　湖沼

長 25cm

分 近畿地方以西の本州、四国、九州北東部。移殖により秋田県、新潟県、福井県、山梨県、愛知県、岐阜県、三重県、熊本県

食 天ぷらや煮つけなど

日本産ギギ科の中では特に体が大きく、全長30cmに達する。また尾鰭の切れ込みが深いのも本種の特徴。河川中流域や湖沼に生息し、川岸に並ぶ護岸ブロックの隙間や、湖底に繁茂する水草、岩の影に隠れていることが多い。主にエビや小魚を食う肉食性。夜行性で、日没直後から活発に活動し餌をあさるため、この時間帯によく釣れる。産卵期は5〜8月。

ナマズ目ギギ科

昼間はまったく姿が見えなくても、夜間、川に潜ると頻繁に見かける。岐阜県

ネコギギ *Pseudobagrus ichikawai*
地 ガマン、カンパチ ／ 漢 猫義々

ギバチ属

中流

- 長 13cm
- R 絶滅危惧ⅠB類(EN)
- 分 愛知県、岐阜県、三重県

日本産ギギ科の中では最も小さく、ずんぐりした体形。尾鰭は浅く切れ込み、ギギとギバチ(p.116)の中間的な雰囲気。伊勢湾にそそぐ河川だけに分布し、水がきれいな中流域に生息する。水深が浅く、流れのゆるやかな礫底を好む。夜行性のため、昼間は礫や水中の護岸ブロックの隙間に潜み、日没を迎えると活動を始める。産卵期は6〜7月で、卵はオスによって守られる。

ナマズ目ギギ科

飼育下でも昼間は物陰に隠れてなかなか姿を見ることができない。東京都産

ギバチ *Pseudobagrus tokiensis*
地 ギギュウ、ギンギョ、カバチ　／　漢 義蜂

ギバチ属

上流　中流

- 長 15cm
- R 絶滅危惧Ⅱ類（VU）
- 分 日本海側は秋田県～富山県、太平洋側は岩手県～神奈川県までの本州
- 食 蒲焼、天ぷら、みそ汁、ちり鍋、煮つけなどで賞味

同属のギギ（p.114）やネコギギ（p.115）によく似るが、尾鰭の切れ込みは非常に浅く、その点で識別できる。主に河川上流から中流に生息し、礫底域を好む。流れのある流心の岩の下などにも見られるが、どちらかといえばやや流れのゆるやかな深みに多い。夜行性のため日没後に活動を開始し、餌を求めて川底付近を活発に泳ぐ。水生昆虫を好んで食う。産卵期は6～8月。

ナマズ目ギギ科

ギバチにそっくりなアリアケギバチ。福岡県産

アリアケギバチ *Pseudobagrus aurantiacus*
地 ギギュ ／ 漢 有明義蜂

ギバチ属

中流

- 長 15cm
- R 絶滅危惧Ⅱ類（VU）
- 分 九州西南部

かつては外見が酷似するギバチに含められていたが、1995年に別種とされた。両種の識別は難しいが、ギバチは背鰭棘が背鰭基底の長さの1.3倍以下なのに対し、本種は1.4倍以上と少し長い。また、分布域が離れているので、産地も同定のための重要なポイントになる。主に河川中流域に生息し、礫底を好むが、特に流れのゆるやかな深みに多い。夜行性。

ナマズというと泥底のイメージがあるが、このような清流にも多い。静岡県

幼魚には口ひげが6本ある。
千葉県産

ナマズ
Silurus asotus

地 ― ／ 漢 鯰

ナマズ属

中流　下流　湖沼　水路

- 長 60cm
- 分 近畿地方以西の本州、四国、九州。移殖により北海道、東北地方、関東地方／中国東部、朝鮮半島西岸、台湾
- 食 蒲焼や天ぷらが一般的だが、身が柔らかく淡白

縦扁した頭部に大きな口と2対4本の長いひげ、細長い体は非常に特徴的。河川中流から下流、湖沼に生息し、流れのゆるやかな場所を好む。主に小魚やカエルを食う肉食性で、日が沈んで薄暗くなるころから活発に泳ぎ始める。産卵期は5月ごろで、水田や川の浅瀬でオスがメスに巻きついて産卵する。

「イワトコ」は岩礁域を意味する岩床のこと。滋賀県産

イワトコナマズ *Silurus lithophilus*
地 ゴマナマズ ／ 漢 岩床鯰

ナマズ属

湖沼

- 長 60cm
- R 準絶滅危惧（NT）
- 分 滋賀県琵琶湖、余呉湖
- 良 ナマズの中では最も美味とされ、琵琶湖北では刺し身などで賞味される

琵琶湖とそのすぐ北に位置する余呉湖に分布する。体は濃い褐色で、全身に雲状斑が散在する。また眼が頭部側方にあるため、背側および腹側のどちらからでも確認できるのが最大の特徴。主に岩礁域に生息するため、琵琶湖ではそのような環境がある湖北地域に特に多い。産卵期は6〜7月ごろで、大雨による増水の後、岸近くの浅瀬で産卵する。稀に黄化個体が見つかる。

ナマズ目ナマズ科

ナマズ目ナマズ科

日本を代表する大形淡水魚。滋賀県産

ビワコオオナマズ *Silurus biwaensis*
地 オオナマズ ／ 漢 琵琶湖大鯰

ナマズ属

中流 下流 湖沼

長 120cm

分 琵琶湖・淀川水系

食 琵琶湖の湖北地方では蒲焼やすき焼きなどで利用される

その名が示す通り日本産のナマズの中では特に大きく、最大で120cmに達する。頭部が扁平で下顎の張り出しが強く、大形個体を背面から見ると、顔が四角い印象を受ける。背から体側にかけては黒に近い灰色で、金属光沢を帯びる。また胸鰭から下の腹は白色。琵琶湖とそこから流れ出す瀬田川、さらに下流の淀川にのみ分布する。

ナマズ目ナマズ科

ビワコオオナマズの産卵。オスがメスに巻きつく。滋賀県

琵琶湖・淀川水系の固有種。主に小魚を食い、夜間、湖の中層を遊泳しながら餌をあさっていると考えられている。産卵期は梅雨を中心とした6〜7月ごろで、大雨により湖の水位が上がると産卵が始まる。産卵場は岸近くの浅瀬で、水面付近で産卵する。特に水草の塊などが打ち寄せられていると、その周辺で産むことが多い。産卵は深夜に行われる。

産卵後わずか2日で孵化するビワコオオナマズの卵。滋賀県産

ナマズ目アカザ科

赤い体色が特徴的なナマズの仲間。岐阜県産

アカザ *Liobagrus reini*
地 ネコノマイ、ハチウオ、ヒナマズ、サソリ ／ 漢 赤佐

アカザ属

上流 中流

- 長 9cm
- R 絶滅危惧Ⅱ類（VU）
- 分 宮城県、秋田県以南の本州、四国、九州。移殖により岩手県

全身赤褐色で、口の周りには張りのあるひげが生える。背鰭と胸鰭には鋭く頑丈な棘があり、刺されるとひどく傷む。河川上流から中流の水がきれいな水域に生息し、流れのゆるやかな礫底に多い。夜行性で、昼間は礫の隙間に身を潜めているが、日没とともに活動を始め、礫の間を縫うように泳いで小形の水生生物を探す。産卵期は5〜6月で、オスが卵を守る。

ナマズ目ヒレナマズ科

沖縄島や石垣島に定着しているヒレナマズ。沖縄県産

ヒレナマズ *Clarias fuscus*
地 ― ／ 漢 鰭鯰

ヒレナマズ属

下流　池

長 30cm

外 国外外来種

分 沖縄県／原産地は中国、台湾、フィリピン、ベトナム、ラオス

頭部は縦扁し、背鰭および臀鰭の基底が長い。ため池や流れのゆるやかな河川に生息し、水質の悪化に強いため、市街地を流れる汚れた川にも姿が見られる。本種は上鰓腔(じょうさいくう)に補助呼吸器官をもち空気呼吸ができるため、溶存酸素が少ない水域でも生きていける。夜行性で、昼間は岸近くに生える水草の影などに身を潜めているが、日没とともに活動を始める。主に小魚を食う。

ナマズ目アメリカナマズ科

若魚は体側に金属光沢があり、黒斑が散在する。茨城県産

チャネルキャットフィッシュ *Ictalurus punctatus*
地 別名アメリカナマズ ／ 漢 亜米利加鯰

***Ictalurus*属**

中流 下流 湖沼

- 長 70cm
- 外 特定外来生物
- 分 利根川水系、愛知県矢作川、滋賀県琵琶湖／原産地はカナダ南部、アメリカ合衆国、メキシコ
- 食 白身で淡泊なため、天ぷらに向く。他に照り焼きなど

ギギ科の魚に似るが、金属光沢を帯びる。また全長10cmを超えるころから、体側に黒点が散在する。本種は最大で70cmを超える大形種。主に河川下流域や湖沼など、流れのゆるやかな水域に生息する。霞ケ浦や北浦では個体数が非常に多く、エビや小魚が大量に捕食されているのではないかと懸念されている。産卵期は5〜7月。オスは水底に巣を作り、卵を守る習性がある。

キュウリウオ目 キュウリウオ科

婚姻色が現れたオスのシシャモ。北海道産

シシャモ
Spirinchus lanceolatus
地 スサモ、スシャモ
漢 柳葉魚

シシャモ属

中流

長 20cm

R 襟裳岬以西のシシャモ：絶滅のおそれのある地域個体群（LP）

分 北海道太平洋岸

食 干物が一般的で、身はメスよりもオスのほうがうまい。産地では刺身や寿司でも食される

北海道鵡川地方のシシャモが有名。北海道

本種の胸鰭、腹鰭、臀鰭は、国内に分布するキュウリウオ科の中でも特に大きい。北海道太平洋沿岸地域にのみ分布し、ふだんは沿岸で生活するが、11月に入り産卵期を迎えると河川に遡上する。この時期のオスは体側中央が隆起し、婚姻色で全身が黒くなる。産卵は夜間、浅瀬の砂底で行われる。

125

キュウリウオ目キュウリウオ科

産卵のために小河川に遡上したキュウリウオ。北海道

キュウリウオ *Osmerus eperlanus mordax*
地 キュウリ ／ 漢 胡瓜魚

キュウリウオ属

中流

長 20cm

分 北海道／朝鮮半島以北の大陸沿岸、カムチャッカ、アラスカ、カナダ太平洋・大西洋沿岸

食 フライ、天ぷら、生干しのほか、産地では刺身や寿司にする

和名の由来はきゅうりの香りがするためで、実際その匂いはかなり強い。シシャモ（p.125）に似るが、顔はとがり胸鰭や腹鰭は小さい。本種は一生の大半を沿岸で生活するが、産卵期となる4月下旬から5月になると河川に遡上する。この時期になると体表を覆うぬめりがほぼなくなり、特にオスは全身に追星が出るため、手で持つとざらついた感じがする。

釣りの対象魚としての人気が高いワカサギ。茨城県産

ワカサギ *Hypomesus nipponensis*

地 アマサギ、サイカチ、サギ、シラサギ、ソメグリ、チカ ／ 漢 公魚、鰙、若鷺

ワカサギ属

下流 湖沼

- 長 11cm
- 分 北海道、東京都・島根県以北の本州。移殖により国内各地
- 食 から揚げ、天ぷら、南蛮漬けなど

体は透明感のある銀白色で、体側に銀青色の不明瞭な縦条がある。沿岸や河川下流から河口、さらにそこにつながる潟湖などの湖沼に生息するが、容易に陸封化されるため、各地の山上湖などに移殖されている。湖の沖合を群れで回遊し、主に動物プランクトンを食う。産卵期は地域によって異なるが1〜5月で、湖沼の岸近くの浅瀬や流入河川で行われる。

キュウリウオ目キュウリウオ科

サケ目アユ科

清流を泳ぐ夏のアユ。静岡県

アユ *Plecoglossus altivelis altivelis*
地 アイ、コアユ、ヒウオ ／ 漢 鮎、年魚、香魚

アユ属

中流　湖沼

- 長 20cm
- 分 北海道西部、本州、四国、九州／朝鮮半島〜ベトナム北部、台湾
- 食 塩焼、甘露煮、鮎寿司、背ごし、天ぷらなど。うるかは内蔵の塩辛。琵琶湖のコアユは佃煮など

背はオリーブ色を帯び、成長に伴い体側前部に大きな黄色い斑紋が現れる。清流の代名詞ともいえる魚で、主に河川中流域に生息する。成長が非常に早く、秋に産まれたアユは翌年の夏には20cmを超え、特に大きなものは30cmに達する。河川に遡上して間もない若魚は水生昆虫などもよく食うが、成長とともに藻類を食うようになる。さらに藻類がよく生える岩になわ

●サケ目アユ科

婚姻色が現れたアユ。静岡県

ばりをもち、他のアユが近づくと体当たりをするなどして追い払う。この習性を利用し、おとりのアユを使った「友釣り」が行われ、釣りの中でも特に人気が高い。近年、アユの産卵期が遅くなっている。原因は産卵期初期に生まれた仔魚が海に降りても、近年の海水温の上昇により仔魚の多くが死滅し、その結果、産卵期後期のものだけが生き残るため、産卵期が遅くなっていると考えられている。雌雄ともに婚姻色が見られ、体側に黒色横帯が現れ、胸鰭、腹鰭、臀鰭および腹は橙色に彩られる。

春、河川に遡上する若魚。静岡県

129

サケ目アユ科

亜熱帯の川を泳ぐリュウキュウアユ。沖縄県

リュウキュウアユ *Plecoglossus altivelis ryukyuensis*
地 —／漢 琉球鮎

アユ属

中流

長 15cm

R 絶滅危惧ⅠA類（CR）

分 奄美大島、沖縄島

アユ（p.128）に酷似するが胸鰭軟条数がアユの14に対し、リュウキュウアユは12。また鱗がアユに比べて大きいため、アユの体表のほうが滑らかに見える。奄美大島と沖縄島に分布するが、沖縄島の個体群は1970年代後半に一度絶滅しており、奄美大島産の種苗が沖縄島北部の河川とダム湖に放流され定着している。産卵期は11月末〜3月で、アユに比べて遅い。

生かして持ち帰っても、水槽の水に移し替えるだけで弱ってしまう。茨城県産

シラウオ *Salangichthys microdon*
地 アマサギ、シラス、フ ／ 漢 白魚、鮊

シラウオ属

河口　湖沼

- 長 10cm
- 分 太平洋側は北海道〜岡山県、日本海側は北海道〜熊本県／サハリン〜朝鮮半島東岸
- 食 吸い物、卵とじ、かき揚げなど

生時は透明感が強くガラス細工のようだが、死ぬと白濁する。臀鰭は雌雄で形状が異なり、オスのほうが大きい。河口や汽水湖など淡水と海水が混じる水域に生息するが、霞ケ浦や北浦など淡水化が進んだ湖沼でもその姿が見られる。主に動物プランクトンを食う。産卵期は地域によって異なるが2〜5月で、砂底で行われる。名前がよく似たシロウオ（p.238）はハゼ科の魚。

サケ目サケ科

婚姻色が現れ始めた80cmほどのイトウ。北海道大学苫小牧研究林

釣り上げられたイトウ。北海道

イトウ
Hucho perryi
地 オヘライベ、イト、オビラメ
漢 鯏、伊富魚、伊富

サケ亜科イトウ属

下流　湖沼

- 長 100cm
- R 絶滅危惧ⅠB類(EN)
- 分 北海道／南千島、サハリン、沿海州
- 食 北海道や青森県で養殖が行われている。脂の乗った身は刺身などで食される

体は丸太のように寸胴で、全身に黒点が密在する。口中には鋭い歯が並び、主に小魚を食う。湿原を蛇行しながらゆるやかに流れる川や、そこにつながる湖沼などに生息するが、生息環境の悪化により個体数は減少している。産卵期は北海道北部では5月上旬で、雪解けのころ、支流に移動して行われる。

サケ目サケ科

あまり人を恐れないオショロコマは撮影しやすい魚だ。北海道

銀毛のオショロコマ。北海道

オショロコマ
Salvelinus malma krascheninnikovi
地 カラフトイワナ、イワナ
漁 —

イワナ属

幼魚のうちは背から体側にかけて白点が散在するが、10cmを超えるころから体側の白点が次第に赤味を帯びる。国内では北海道だけに分布し、主に河川上流域に生息するが、知床半島の渓流がそのまま海に流れこむような小河川では、河口でもその姿を見ることができる。日本では降海個体はごく稀。

上流

- 長 70cm
- R 絶滅危惧Ⅱ類（VU）
- 分 北海道／朝鮮半島北部～カムチャッカ半島、アラスカ～カリフォルニア州
- 食 塩焼や燻製、甘露煮などに利用される

133

サケ目サケ科

然別湖から流入河川に遡上したミヤベイワナ。北海道

ミヤベイワナ *Salvelinus malma miyabei*
地 ヤヤチップ　／　漢 宮部岩魚

イワナ属

湖沼

- 長 70cm
- R 絶滅危惧Ⅱ類（VU）
- 分 北海道然別湖

北海道然別湖(しかりべつこ)だけに分布するオショロコマ（p.133）の亜種。湖での生活に適応し、湖中を漂う動物プランクトンを食うため、餌を濾しとる鰓杷(さいは)がオショロコマに比べて多いという特徴がある。胸鰭(むなびれ)はオショロマに比べて大きいが両亜種は酷似するため、外見からの識別は難しい。北海道の天然記念物に指定されているが、特別に設けられた期間に釣ることができる。

サケ目サケ科

目の前を悠々と泳ぐアメマスの若魚。北海道

アメマス *Salvelinus leucomaenis leucomaenis*
地 エゾイワナ ／ 漢 雨鱒

イワナ属

中流 下流 湖沼

長 70cm

分 北海道、東北地方／〜カムチャッカ半島

食 塩焼やフライ、ムニエルにして賞味。降海個体は体が大きく身が多い

河川残留型はエゾイワナと呼ばれ、体色はやや茶色がかる。本亜種は海に降りるものも多く、他のサケ科同様、海で豊富な餌を食うことにより著しく大きくなり、中には60cmを超えるような大物も存在する。体側の白点は一般的に瞳孔径を超えるものが多い。特に降海個体では大きくなる傾向があるが、これは成長に伴うのかもしれない。大形個体は小魚などを好んで食う。

サケ目サケ科

過去にニッコウイワナが放流されたことがない川の純粋なヤマトイワナ。長野県

ヤマトイワナ *Salvelinus leucomaenis japonicus*
地 ― ／ 漢 大和岩魚

イワナ属

源流 上流

- 長 30cm
- R 紀伊半島のヤマトイワナ（キリクチ）：絶滅のおそれのある地域個体群（LP）
- 分 神奈川県〜滋賀県の本州太平洋側、紀伊半島
- 食 塩焼やムニエル、田楽、甘露煮、燻製など、さまざまな調理が楽しめる

体側の白点は瞳孔径より小さく、成長に伴い目立たなくなるものが多い。体側に現れる朱点は側線より上にも散在する。河川源流から上流に生息し、水生昆虫や落下昆虫を食う。警戒心が強く、飼育下ではニッコウイワナに比べて食が細いため、成長に時間がかかるという。本亜種の分布域にニッコウイワナが盛んに放流されたため、交雑が進み、純粋なヤマトイワナは少ない。

サケ目サケ科

イワナは川の最も上流に生息する淡水魚。栃木県

ニッコウイワナ *Salvelinus leucomaenis pluvius*
地 イモナ ／ 漢 日光岩魚

イワナ属

源流　上流　湖沼

- 長 60cm
- R 情報不足(DD)
- 分 山梨県・鳥取県以北の本州
- 食 塩焼やムニエル、田楽、甘露煮、燻製など、さまざまな調理が楽しめる

体側には白点が散在し、その大きさは瞳孔径より小さい。また河川によっては橙黄色の斑点が散在するものもいる。主に河川源流から上流に生息し、水生昆虫や落下昆虫を食う。またダム湖に生息するものは、広大な水域で小魚などを食って成長するため大形化し、全長60cmに達する。警戒心が強いが悪食で、人の気配を悟られなければ釣ることは難しくない。

サケ目サケ科

警戒心が非常に強いゴギの撮影は、淡水魚の中で最も難しい。島根県

ゴギ *Salvelinus leucomaenis imbrius*
地 ―　／　漢 ―

イワナ属

源流　上流

- 長 70cm
- R 絶滅危惧Ⅱ類（VU）
- 分 岡山県・島根県以西の本州
- 食 塩焼やムニエル、田楽、甘露煮、燻製など、さまざまな調理が楽しめる

中国山地に分布する亜種で、頭部に薄い黄色斑紋がある。ただし、イワナの仲間の色彩や模様には地域変異が多く、ニッコウイワナ（p.137）の分布域でも頭部に斑紋をもつイワナが存在する。主に河川源流から上流に生息するが、日光をさえぎる木が伐採されたことによる水温の上昇や、土砂の河川流入によって生息環境が悪化し減少している。

サケ目サケ科

ゆるやかな流れの中を泳ぐカワマス。栃木県

カワマスの幼魚。栃木県

カワマス
Salvelinus fontinalis
地 ブルックトラウト、パーレットマス　／　漢 川鱒

イワナ属

中流　湖沼

- 長 30cm
- 外 要注意外来生物
- 分 北海道、栃木県、長野県／原産地はカナダおよびアメリカ合衆国の東部
- 食 塩焼やムニエル、フライ、燻製など

イワナに似るが体側に黄色い小斑点が密在し、青く縁取られた朱点が散在する。背鰭には明瞭な虫食い状の斑紋がある。成熟したオスの背は盛り上がり、体高が高くなる。本種は北アメリカ原産のイワナ属の1種だが、バイカモが生えるような、流れがゆるやかで湧水が豊富な河川に定着している。

サケ目サケ科

産卵のために岸近くに寄って来たレイクトラウト。栃木県

レイクトラウト *Salvelinus namaycush*
地 ― ／ 漢 ―

イワナ属

🟠 湖沼

- 📏 100cm
- 外 国外外来種
- 分 栃木県中禅寺湖／原産地はカナダ、アメリカ合衆国
- 食 ムニエルや燻製など

体に白点が密在し、尾鰭の切れ込みが深い。顔はとがり、魚食性が強いため歯が鋭い。中禅寺湖だけに試験放流され、定着している。湖の深場にすみ、主にワカサギ（p.127）などの小魚を食う。産卵期は11月下旬〜12月上旬で、夜間に湖岸近くの水深2m前後の礫底で行われる。本種は産卵床は掘らずに卵を湖底にばらまく。卵はそのまま礫の隙間に落ちて発生を続ける。

サケ目サケ科

警戒心が強く、近づくのが難しいブラウントラウト。栃木県

ブラウントラウトの幼魚。栃木県

ブラウントラウト
Salmo trutta
地 ブラウンマス
漢 ―

タイセイヨウサケ属

中流　湖沼

- 長 70cm
- 外 要注意外来生物
- 分 北海道、秋田県、栃木県、神奈川県、山梨県、長野県／原産地はヨーロッパ〜アラル海までの西アジア
- 食 塩焼やムニエル、包み焼で賞味

背から体側にかけて黒あるいは濃褐色の斑点が散在するが、若魚では青く縁取られた朱点をもつことが多い。幼魚のうちは脂鰭が赤く縁取られるのも特徴。湖沼や流れのゆるやかな河川に生息し、倒木などの障害物の影に潜む姿をよく見かける。小魚や水生昆虫を食う。産卵期は11〜1月。

サケ目サケ科

ニジマスは放流魚が多いため、鰭がきれいな個体は珍しい。栃木県

ニジマス *Oncorhynchus mykiss*
地 レインボートラウト、スチールヘッドトラウト ／ 漢 虹鱒

サケ属

上流　中流　湖沼

- 長 70cm
- 外 要注意外来生物
- 分 北海道、栃木県、東京都、和歌山県、中国地方で自然繁殖。そのほか国内各地で野生化／原産地はカムチャッカ半島、アラスカ〜カリフォルニア州、メキシコにかけての北アメリカ太平洋側
- 食 塩焼、から揚げ、甘露煮。大形魚はムニエルやホイル焼きに向く

名前の響きから日本産の淡水魚のように思われることが多いが、北アメリカ原産の魚で、1877年に初めて国内に輸入された。引きが強いことから釣魚としての人気が高く、また味も良いために食用魚として養殖が盛んに行われている。本来の産卵期は春だが、人工授精により採卵時期を長年にわたり少しずつ早めてしまったため、秋に産卵するニジマスも多い。

サケ目サケ科

湖にすむニジマスは銀毛になり、赤色縦帯が目立たないものが多い。山梨県

体側にパーマークが並ぶニジマスの幼魚。栃木県

サケ目サケ科

産卵するサケのつがい。メスが大きく口をあけるのが産卵の合図。北海道

サケ *Oncorhynchus keta*
地 シロザケ、アキアジ、シャケ ／ 漢 鮭

サケ属

中流

- 長 70cm
- 分 北海道、太平洋側は利根川以北、日本海側は九州北部以北の河川に遡上／朝鮮半島〜日本海、オホーツク海、ベーリング海を経てカリフォルニアまで
- 食 切り身は塩焼きやステーキ、ムニエル、包み焼など。卵巣はイクラや筋子にする

体色は海中で暮らしている間は銀色だが、遡上するころには雌雄ともに婚姻色が現れ、俗に「ブナケ」と呼ばれる。一生の大半を海で過ごし、オキアミのような動物プランクトンや小魚を食う。サケの海中生活期間は多くが3年半。産卵期は9〜12月で、遡上河川近くに戻ったサケは、匂いを頼りに生まれた川を探し当てる。産卵場所は

サケの卵。千歳サケのふるさと館

孵化の瞬間。北海道産

主に河川中流域の礫底で、川底から水が染み出る場所にメスが尾鰭を使って産卵床を掘る。オスはメスのすぐ後ろに待機し、他のオスが近づくと突進したり、噛みついたりして追い払う。産卵床が完成するとメスが大きく口をあけ、これが産卵の合図となる。すぐ後ろについていたオスは産卵床に飛び込み放精する。卵はすぐにメスによって埋められ、3か月近くかけて孵化する。仔魚は春になるまでそのまま川底の砂利の中で過ごし、3〜5月ごろにはい出して泳ぎ出す。そして川の流れに乗って海へと降り、遠くベーリング海まで旅立つ。

孵化仔魚。北海道産

卵のうが吸収された稚魚。北海道産

サケ目サケ科

サケ目サケ科

遊泳するようになった
幼魚。体側には
パーマークが現れる。
北海道産

河川に遡上し、
婚姻色が現れた
オスのサケ。
北海道

産卵期のオスの顔はいかつい。
北海道

顔つきがやさしいメス。
北海道

●サケ目サケ科

河川に一斉に
遡上する
サケの群れ。
北海道

産卵後に死んだサケは
微生物に分解され、
他の生物の栄養となる。
北海道

サケ目サケ科

日本ではベニザケの個体数が少なく、自然下ではなかなか見られない。北海道

ベニザケ *Oncorhynchus nerka nerka*

地 ベニマス（ベニザケ）、カバチェッポ、トワダマス（ヒメマス）
漢 紅鮭（ベニザケ）、姫鱒（ヒメマス）

サケ属

中流

長 50cm

R 絶滅危惧ⅠA類（CR）

分 ベニザケ：移殖により北海道。ヒメマス：北海道。移殖により青森県、栃木県、神奈川県、山梨県、長野県など／原産地ベニザケ：ロシア〜ワシントン州の北太平洋。ヒメマス：カムチャッカ半島、カナダ、アメリカ合衆国

食 ベニザケは切り身を塩焼。ヒメマスは丸ごと塩焼や煮つけ

婚姻色が現われると雌雄ともに赤くなり、体色は鮮やか。国内では移殖により北海道西別川と勇払川に遡上する。陸封型はヒメマスと呼ばれ、北海道のチミケップ湖に自然分布していたが、現在は国内各地の山上湖に移殖され定着している。ヒメマスは30cmほどにしかならない。また、婚姻色の赤味はベニザケに比べて弱い。

サケ目サケ科

婚姻色が現れたヒメマス。左がオスで右がメス。栃木県

海に降りずに河川内で成熟した小形のベニザケ。北海道

サケ目サケ科

背が盛り上がったカラフトマスのオスには独特の迫力がある。北海道

浅瀬で背を出して闘争するオス。北海道

カラフトマス
Oncorhynchus gorbuscha
地 セッパリマス、ラクダマス、アオマス ／ 漢 樺太鱒

サケ属

中流

- 60cm
- 北海道、岩手県／朝鮮半島東部～カリフォルニア州
- 缶詰に加工されることが多い。切り身は塩焼きなど

海中生活期のサケ属はいずれも銀毛化するため、どれも同じように見えるが、本種は小黒斑が尾鰭に密在するため識別しやすい。産卵期に河川に遡上すると、成熟したオスの背は著しく盛り上がる。川底からはい出して泳ぎはじめた幼魚はすぐに海へ向かうため、川で生活する期間は非常に短い。

「キングサーモン」の名でも知られるマスノスケ。千歳サケのふるさと館

マスノスケ *Oncorhynchus tschawytscha*
地 スケ、オオスケ、キングサーモン ／ 漢 鱒之介

サケ属

中流

長 100cm

分 北海道／日本海、オホーツク海、ベーリング海、カリフォルニア州以北の北米太平洋沿岸

食 切り身を塩焼、フライ、ルイベ、ステーキなど

サケ科の中でも特に大きい。背や背鰭、尾鰭に黒点が密在し、尾鰭後縁が黒く縁取られる。海での生活期間は個体によってばらつきがあり、3〜8年と幅広いが多くは4〜5年。かつて北海道の天塩川や十勝川に種苗が放流されたが、定着はしていない。北海道の河川に稀に遡上するが、これらは迷入個体で自然繁殖はしていない。沿岸の定置網で漁獲されることもある。

サケ目サケ科

ギンザケは釣魚として釣り堀に放流されることも多い。養殖個体

ギンザケ *Oncorhynchus kisutch*
地 ギンマス、シルバーサーモン、コーホーサーモン ／ 漢 銀鮭

サケ属

中流

長 50cm

分 北海道／沿海州中部以北の日本海、オホーツク海、ベーリング海、カリフォルニア州以北の北米太平洋岸

食 切り身はソテー、ムニエル、塩焼などで美味

背は青緑色を帯び、小黒点が背や背鰭、尾鰭に密在する。生後1年までの幼魚は河川で過ごすが、その後、海に降りる。海で1〜2年を過ごした個体は、産卵のために再び河川に遡上する。北海道のいくつかの河川に移殖されたが、定着はしなかった。ただし迷入個体が稀に河川で捕獲される。食用としての養殖が盛んで、三陸地方では海面養殖が行われている。

産卵床を掘るメスによりそうオス(左)。滋賀県

ビワマス *Oncorhynchus masou* subsp.
地 アメノウオ ／ 漢 琵琶鱒

サケ属

湖沼

- 長 40cm
- R 準絶滅危惧(NT)
- 分 滋賀県琵琶湖。移殖により栃木県、長野県
- 食 サクラマスはサナダムシが寄生していることがあるので生食に向かないが、本種は刺身でも賞味される。他に塩焼きや煮つけで美味

サクラマス(p.154)やサツキマス(p.156)に比べ、吻が短く丸みを帯びる。幼魚には体長4cmを超えるころから体側に朱点が現れるが、同じく朱点をもつアマゴ(p.156)と比べると淡い。ただし成魚では朱点が消失する。琵琶湖固有亜種で、主に水深20m前後の深みで生活する。産卵期は10〜11月で、まとまった雨が降って増水すると、一斉に流入河川に遡上する。

・サケ目サケ科

サケ目サケ科

婚姻色が現れたサクラマス。北海道

サクラマス・ヤマメ *Oncorhynchus masou masou*

地 カワマス、ホンマス、イタマス（サクラマス）、ヤマベ、ヒラメ、エノハ、マダラ（ヤマメ）、ギンケ（銀毛個体）　／　漢 桜鱒（サクラマス）、山女、山女魚（ヤマメ）

サケ属

上流　中流　湖沼

- 長 60cm
- R 準絶滅危惧（NT）
- 分 北海道、神奈川県以北の太平洋岸、山口県以北の日本海岸、九州／カムチャッカ半島～朝鮮半島東部、サハリン
- 食 切り身は塩焼きで絶品。富山県の鱒ずしの材料も本種。ヤマメは塩焼きのほか、甘露煮や燻製

河川で一生を過ごす個体や個体群はヤマメと呼ばれ、渓流釣りの対象魚としてイワナ、アマゴとともに人気が高い。ヤマメの体側には青緑色の楕円形の斑紋「パーマーク」が並ぶ。降海個体のサクラマスは、約1年間の海中生活で豊富な餌を食うため、河川で育つヤマメより体が大きくなり、特に大きいものは70cm近くまで成長する。

● サケ目サケ科

河川残留型のヤマメは「渓流の女王」の異名をもつ。北海道

特殊斑紋の"無紋ヤマメ"にはパーマークがない。アクアワールド茨城県大洗水族館

産卵場所に現れたオスのサツキマス。広島県

サツキマス・アマゴ *Oncorhynchus masou ishikawae*

地 カワマス、ホンマス、ヤマトマス、キザキマス（サツキマス）アメゴ、ヒラメ、エノハ、シラメ（アマゴ） ／ 漢 五月鱒（サツキマス）、雨子、天魚、甘子（アマゴ）

サケ属

上流 中流 湖沼

- 長 40cm
- R 準絶滅危惧（NT）
- 分 伊豆半島以西の本州太平洋岸、四国、九州瀬戸内側
- 食 北海道や青森県で養殖が行われている。脂の乗った身は刺身などで食される

河川で一生を過ごす個体や個体群はアマゴと呼ばれ、朱点が体側に散在する。この朱点は銀毛化した降海個体のサツキマスでは目立たなくなるが、消失しない。サツキマスは11〜3月ごろに海に降りるが、4〜5月にはすでに河川への遡上を開始する。豊富な餌がある海での生活期間が短いためか、近縁のサクラマスに比べると小さく、40cmほどのものが多い。産卵期は10〜11月。

サケ目サケ科

朱点が鮮やかな河川残留型のアマゴ。三重県

特殊斑紋の河川残留型 "イワメ"。三重県

サケ目サケ科

外見はコイ科の魚のように見えるシナノユキマス。千歳サケのふるさと館

シナノユキマス *Coregonus lavaretus maraena*

地 コレゴヌス ／ 漢 信濃雪鱒

コレゴヌス亜科コレゴヌス属

湖沼

- 長 50cm
- 外 国外外来種
- 分 長野県／原産地はポーランド、スウェーデン、フィンランド
- 食 塩焼やムニエルのほか、煮つけや燻製にも向く。味は非常に良い

サケ科の魚の中では鱗が大きい。また、日本に生息する他のサケ科の口裂が眼球後端直下を大きく超えるのに対し、本種は眼の中央付近まで達しない。長野県では食用魚として養殖が盛んに行われており、一部は湖沼に釣りの対象魚として放流されている。主に動物プランクトンを食う。産卵期は秋から冬だが、国内では自然下での繁殖はわずかに1例が知られるのみ。

孵化した仔魚をオスが口の中で保護する習性がある。沖縄県産

タウナギ *Monopterus albus*
地 チョウセンドジョウ、タウナジャア。別名カワヘビ ／ 漢 田鰻

タウナギ属

下流 池 水路

- 長 60cm
- R 絶滅危惧ⅠB類(EN)
- 分 関東地方以南、九州、沖縄県／中国東南部、朝鮮半島、台湾、インド、マレー半島、東インド諸島
- 食 海外では炒め物などにして食すが、日本ではあまりなじみがない

ウナギに似るが、体は明るい褐色で胸鰭はない。河川下流域や農業用水路、ため池など流れがゆるやかでよどんだ場所の泥底を好み、岸近くに生える植物の根元に潜んでいることが多い。空気呼吸を行い、飼育下では水面に口を出してじっとしている姿が観察される。性転換を行い、最初はメスとして成熟し、成長に伴いオスへと変化する。九州以北の個体群は移殖の可能性が高い。

タウナギ目タウナギ科

トゲウオ目トゲウオ科

メスを巣に誘うハリヨのオス（右）。岐阜県

ハリヨ *Gasterosteus aculeatus* subsp.2
地 ハリウオ、ハリンコ、カワサバ　／　漢 針魚

イトヨ属

中流　小川

- 長 5cm
- R 絶滅危惧ⅠA類（CR）
- 分 滋賀県、岐阜県、三重県（絶滅）、移殖により兵庫県

背鰭と腹鰭、尻鰭の棘が鋭いトゲウオ科の1種。鱗板（りんばん）は胸部だけにある。婚姻色が現れたオスの体は青緑色になり、頭部下面から腹は鮮やかな赤に染まる。水温が15℃前後に安定した湧水が豊富な池や、細流、伏流水が湧き出す中流のワンドに生息する。しかし、近年は湧水の枯渇や生息地の埋め立てにより減少が著しい。産卵は周年行われるが、3〜5月にピークを迎える。

ハリヨに似るが体側は鱗板に覆われる。栃木県

太平洋系陸封型イトヨ *Gasterosteus aculeatus* subsp.1

地 ハリウオ、ハリサバ、ギラ、トゲチョ ／ 漢 糸魚

イトヨ属

中流　湖沼　小川

長 8cm

R 本州のイトヨ日本海系：絶滅のおそれのある地域個体群（LP）

分 北海道、利根川、島根県益田川以北の本州

食 新潟県では、降海型がから揚げや天ぷらなどに利用されていたが、最近はほとんど捕れなくなっている

イトヨには太平洋系と日本海系が存在し、日本海系は新種としてニホンイトヨの和名がつけられた。太平洋系には、沿岸域で成長し産卵期に河川に遡上する降海型と、淡水で一生を終える陸封型がいる。日本海系は降海型のみ。産卵期は4〜6月で、内臓から分泌される粘液で水草の根などを固めてトンネル状の巣を作り、そこにメスを迎え入れて産卵する。卵はオスによって守られる。

トゲウオ目トゲウオ科

トゲウオ目トゲウオ科

エゾトミヨは河川改修などにより減少している。北海道産

エゾトミヨ *Pungitius tymensis*
地 トンギョ ／ 漢 蝦夷止水魚

トミヨ属

中流　池　湖沼　小川

長 6cm

R 絶滅危惧Ⅱ類（VU）

分 北海道／サハリン

国内では北海道だけに分布するトゲウオ科の1種。体はややずんぐりしており、同所的に生息するイバラトミヨに比べると尾柄が短く太い。主に湿地帯や池沼、流れのゆるやかな河川に生息する。産卵期は4〜7月で、水草に鳥の巣のような球形の巣を作る。巣の中はトンネル状になっており、メスを迎え入れて産卵する。卵や仔魚はオスによって守られる。寿命は多くが2年。

トゲウオ目トゲウオ科

イバラトミヨ（トミヨ属淡水型）。北海道産

イバラトミヨ雄物型（トミヨ属雄物型）は背鰭鰭膜が黒い。山形県産

イバラトミヨ
Pungitius pungitius
地 トゲウオ、トミヨ、トンギョ。
別名キタノトミヨ ／ 漢 荊棘止水魚

トミヨ属

中流　下流　池　小川

長 5cm

R 雄物型：絶滅危惧ⅠA類（CR）。汽水型：準絶滅危惧（NT）。本州の淡水型：絶滅のおそれのある地域個体群（LP）

分 雄物型：秋田県、山形県。汽水型：北海道東部。淡水型：北海道、福井県以北の本州日本海側

北海道の汽水域に分布する体が銀白色の汽水型、秋田県と山形県の一部に分布し、背鰭鰭膜が黒く染まる雄物型、それ以外の広い範囲に分布する淡水型は、それぞれ別種と考えられている。淡水型や雄物型は、湧水が豊富な流れのゆるやかな小川や用水路に生息し、特に水草が豊富に生える場所を好む。

163

トゲウオ目トゲウオ科

かつては東京都にも生息していた
ムサシトミヨ。井の頭自然文化園

ムサシトミヨの幼魚。
井の頭自然文化園

小川

長 4cm

R 絶滅危惧ⅠA類（CR）

分 埼玉県

ムサシトミヨ
Pungitius sp.
地 —
漢 武蔵止水魚

トミヨ属

日本産トミヨ属の中では体高が高い。埼玉県熊谷市を流れる元荒川水系にのみ生息する。この生息地は、上流にある水産試験場と流域の養鱒場が地下水をくみ上げていたため奇跡的に残った場所。産卵期は3〜11月と非常に長い。オスは水草に直径3cmほどの巣を作り、産卵後は卵、仔魚をオスが守る。

トゲウオ目ヨウジウオ科

分布の北限と思われる千葉県で採集したカワヨウジ。千葉県産

カワヨウジ *Hippichthys spicifer*
地 — ／ 漢 川楊枝

ヨウジウオ亜科カワヨウジ属

河口

- 長 17cm
- 分 千葉県以南／インド・西太平洋

胸鰭基部から肛門までの間の腹部には14〜15本の暗色横帯がある。この特徴は標本にすると観察しやすいが、生時は不明瞭。オスの腹部には卵を守る育児嚢（いくじのう）がある。主に河口に生息し、干潮時に干潟が露出するような水路の泥底を好む。特に岸際に生える植物の根元などに見られるが、このような場所は隠れ家になるだけでなく、餌となる小形の甲殻類も多い。

トゲウオ目ヨウジウオ科

中層をよく泳ぐテングヨウジ。沖縄県産

テングヨウジ *Microphis brachyurus brachyurus*
地 ― ／ 漢 天狗楊枝

ヨウジウオ亜科テングヨウジ属

下流

長 25cm

分 相模湾以南／インド洋東部
〜中部太平洋

河川で見られるヨウジウオ科の中では吻が長い。また、胸鰭の後ろに短い赤色縦条があるのも本種の特徴。主に河川下流域のよどみに生息し、岸近くに生える植物の根元や、川底に沈む枯れ枝の周囲などに見られる。このような場所の中層で、隠れるように静止していることが多い。小形の甲殻類を食い、飼育下でも冷凍のブラインシュリンプをよく食う。

ボラ目ボラ科

岩に生えたコケを食みながら浅瀬を移動するボラ。静岡県

ボラ *Mugil cephalus cephalus*
地 ハク（4cmまで）、オボコ（4〜18cm）、イナ（18〜30cm）、ボラ（30〜40cm）、トド（40cm以上） ／ 漢 鯔、鰡

ボラ属

下流　河口　湖沼　内湾

- 長 60cm
- 分 全国／熱帯西アフリカ〜モロッコ沿岸を除く全世界の温・熱帯域
- 食 冬が旬。刺身のほか卵巣はカラスミで賞味

体は紡錘形。下流域が長い利根川などでは、海から遠く離れた沼にも入り込む。水面付近を遊泳する姿がよく観察され、時折ジャンプをくり返す姿も見られる。ふつう群れを作って生活し、特に小河川の河口などでは水面を流れる浮遊物を大群になって食う姿が見られることもある。珍味カラスミは、本種の卵の塩漬けを干したもの。

ボラ目ボラ科

コンクリート製の水路で採集したメナダの若魚。福井県産

メナダ *Chelon haematocheilus*
地 スクチ、アカメ、メチカ ／ 漢 目奈陀、赤目魚

メナダ属

河口 内湾

長 100cm

分 北海道～九州／中国、朝鮮半島～アムール川

食 焼き物や煮物にされる

ボラ (p.167) に似るが、眼に脂瞼が発達しない。体つきはスマート。また、ボラの胸鰭基部には青色斑があるのに対し、本種ではこれを欠く。眼球上部はやや赤味を帯びる。北日本に多いボラの仲間で、主に内湾や潟湖に生息し、幼魚や若魚はこれにつながる水路でも見られる。食用としても利用され、夏に美味だという。最大で1mに達する大形魚。

ボラ目ボラ科

胸鰭の黒と尾鰭の黄色がよく目立つ。アクアマリンふくしま

オニボラ *Ellochelon vaigiensis*
地 — ／ 漢 鬼鯔

オニボラ属

河口　内湾

- 30cm
- 情報不足（DD）
- 和歌山県以南／インド・太平洋域

互いによく似た種が多いボラ科の中で、本種は胸鰭が黒いことや、尾鰭が黄色く切れ込みが浅いことなどから、一見して他種と区別できる。また、このような特徴は5cmほどの幼魚においても顕著に現れている。主にサンゴ礁域や内湾に生息し、付着藻類などを好んで食う。国内では成魚は稀で、幼魚や若魚が河口域や沿岸域に現われるが、これも数はあまり多くない。

トウゴロウイワシ目トウゴロウイワシ科

茨城県の霞ケ浦や北浦にはたくさんのペヘレイがすんでいる。茨城県産

ペヘレイ *Odontesthes bonariensis*
地 ー ／ 漢 ー

ペヘレイ属

🟧 湖沼

- 長 35cm
- 外 国外外来種
- 分 茨城県、神奈川県／原産地はアルゼンチン、ウルグアイ、ブラジル南部
- 食 フライやムニエルなどのほか、養殖個体は刺身で賞味できる

ボラ（p.167）に似るが、吻端がとがる。第1背鰭が臀鰭前端のほぼ真上にあり、ボラの第1背鰭に比べると後方に位置する。体側中央には銀青色の縦条があり、この特徴は全長6cmほどの幼魚でも明瞭。体は透明感が強い。霞ケ浦や北浦では湖の沖合を遊泳し、動物プランクトンや小魚を食う。季節的な移動があり、水温が下がると岸近くで釣れ始める。産卵期は3〜6月。

カダヤシ目カダヤシ科

交尾しようとするカダヤシ。下がオス。
千葉県産

カダヤシの産仔。千葉県産

カダヤシ
Gambusia affinis
地 タップミノー
漢 蚊絶やし

カダヤシ属

下流　池　湖沼　水路

長 ♂3cm、♀4.5cm

外 特定外来生物

分 福島県以南の本州、四国、九州、沖縄県、小笠原／原産地はアメリカ合衆国ニュージャージー州〜メキシコ中部

メダカ属（p.174）に似るが、本種の臀鰭基底は短く、尾鰭は丸みを帯びる。オスの臀鰭は交尾器となっている。カダヤシは腹の中で孵化した稚魚を産む卵胎生で、大きなメスは一度に200匹の稚魚を産む。メダカ属とは生息環境が重なるため、本種とメダカ属の間には餌や生息環境をめぐる競争が生じている。

カダヤシ目カダヤシ科

観賞魚飼育の入門種としてもポピュラーなグッピー。東京都小笠原村産

グッピー *Poecilia reticulata*
地 セイヨウメダカ ／ 漢 —

グッピー属

下流

- 長 ♂2.5cm、♀4.5cm
- 外 要注意外来生物
- 分 北海道〜九州の温泉地など、沖縄県、小笠原／原産地はベネズエラ、ガイアナ

観賞魚として流通するグッピーは尾鰭が大きく、色彩も鮮やかだが、野生化したグッピーは世代を重ねるごとに原種の姿に近づく。低水温に弱いため、主に沖縄県や小笠原諸島の父島など温暖な地域に定着している。ただし、九州以北でも温泉水や工場の温排水が流れ込み、冬でも一定以上の水温が維持されている水域では定着していることがある。水質汚染には強い。卵胎生（らんたいせい）。

コラム　放流は淡水魚の保護につながるか？

　1998年、メダカ（現在は2種に分けられている）が旧環境庁版レッドリストの絶滅危惧種に掲載されました。それまで身近だと思われていたメダカに絶滅のおそれがあるということで、当時は新聞やテレビでも随分と取り上げられました。そして、ほぼ同時にメダカ保護の機運が高まったのです。

　メダカ保護の主な方法は、個体数の増加を狙った放流でした。ところが、放流されたメダカは必ずしも地元産のものではなく、まったく違う地域のものも含まれていたのです。そのため、本来そこにはいない地域型のメダカが各地で見つかるようになり、メダカの放流が問題視されるようになったのです。

　オオクチバスのような魚は、小魚を好んで食うという食性から、外来生物法によって自然下への放流が禁止されています。しかし、メダカのようなおとなしい小魚を、なぜ放流してはいけないのでしょう？

　メダカのそれぞれの地域型は、各地域で数十万年、数百万年という途方もなく長い年月、命をつないだ結果、環境に適応した遺伝的性質を獲得しました。ところが、そこに遺伝的性質の異なる他地域のメダカを放流すると、元々いたメダカと混じり合い、遺伝的性質が急速に変化します。他地域のメダカと混ざった遺伝的性質は、その地域の環境には適応できないかもしれません。例えば、北日本のメダカの生息地に温暖な地域のメダカを放すと、それらの間に生まれた子孫は低温に耐えられない可能性があります。このような事態になったとき、元々いたメダカに及ぼす影響は計り知れません。また、放流には病気の媒介や、同じような餌やすみかを好む種との間に競争（奪い合い）が生じるリスクもあります。安易な放流は、減少している淡水魚をさらに危機的状況に追い込む可能性があるのです。

※魚の放流に関するガイドラインは、日本魚類学会のホームページに詳しく解説されています。▶日本魚類学会 http://www.fish-isj.jp/

体側に黒い網目模様がる。新潟県産

キタノメダカ *Oryzias sakaizumii*
地 — ／ 漢 北乃目高

メダカ属

下流　湖沼　小川　水路

- 長 4cm
- R 絶滅危惧Ⅱ類（VU）
- 分 青森県から兵庫県までの本州日本海側
- 食 新潟県阿賀町では古くから食用に利用。現在でも養殖個体の佃煮が販売されている

メダカ北日本集団と呼ばれていたグループ、および北日本集団と南日本集団のハイブリッド集団と呼ばれていたグループが、2012年に新種として記載された。ミナミメダカ（p.175）に似るが、本種は体表に黒い網目模様が入り、オスの背鰭の切れ込みが浅い点で識別できる。生息環境や繁殖生態、食性はミナミメダカに似る。

ダツ目メダカ科

かつては身近な淡水魚だった。千葉県産

ミナミメダカ *Oryzias latipes*
地 ─ ／漢 南目高

メダカ属

下流　湖沼　小川　水路

孵化して間もないミナミメダカの仔魚。千葉県産

長 4cm

R 絶滅危惧Ⅱ類（VU）

分 太平洋側は岩手県以南、日本海側は京都府以西の本州、四国、九州、沖縄諸島までの琉球列島。

主に水田や周辺の農業用水路にすむが、ため池や河川本流、湖沼など、さまざまな環境に生息する。水面付近を群れで泳ぐため、体が小さい割には気づきやすい。ただし近年、生息環境が破壊され、絶滅危惧種に指定されるほど数が減っている。ボウフラやミジンコ、イトミミズ、藻類などを食べる雑食性。

ダツ目メダカ科

産卵の瞬間。オス(手前)は背鰭と臀鰭でメスを抱え込む。千葉県産

卵は、産卵後しばらく
メスの腹についている。千葉県産

水田地帯を流れるミナミメダカがす
む小川。千葉県

このくらいまで発生が進むと、卵の中でくるくる回る。千葉県産

●ダツ目メダカ科

ダツ目サヨリ科

卵胎生でメスが腹の中に子を持つことが和名の由来。沖縄県産

コモチサヨリ *Zenarchopterus dunckeri*
地 ミヤラサヨリ ／ 漢 子持細魚

コモチサヨリ属

河口

- 長 15cm
- R 準絶滅危惧（NT）
- 分 宮古諸島、八重山諸島／アンダマン諸島、西太平洋の熱帯域

サヨリの中では体がやや太く短いが、下顎は長い印象を受ける。また尾鰭が切れ込まないのも本種の特徴。主に汽水域に生息し、水面直下を群れで泳いでいることが多く、生息地では見つけやすい。夜間は浅瀬でじっとしていることもあり、タモ網でも簡単にすくうことができる。卵胎生で、オスの臀鰭は羽根状に幅広く、交尾器にもなっていると考えられている。

ダツ目サヨリ科

風がない凪の日には水面下を泳ぐ姿を見つけやすい。茨城県産

クルメサヨリ *Hyporhamphus intermedius*
地 サヨリ、ヨド、キス ／ 漢 久留米細魚

サヨリ属

下流　河口　湖沼　内湾

長 20cm

R 準絶滅危惧（NT）

分 本州、九州／～朝鮮半島、黄海北部、台湾北部、台湾北部、インド・西部太平洋域

食 煮干し、干物などに加工される

サヨリに酷似するが、サヨリの下顎先端が朱色なのに対し、本種は下面が黒色。主に内湾や汽水域に生息するが、淡水域にも普通に入り繁殖も行う。イサザアミのような小形の甲殻類や、ユスリカ幼虫などを好んで食う。強風によって餌の生物が岸近くに打ち寄せられると、本種もそれについてくるため、陸上から観察できることがある。

カサゴ目コチ科

海底に潜むマゴチの成魚。静岡県

マゴチ *Platycephalus* sp.2
地 コチ、ホンゴチ、クロゴチ ／ 漢 真鯒

コチ属

河口　内湾

長 60cm

分 南日本

旬 夏が旬で、あらいや刺身が美味。そのほか焼き物や天ぷらなど

体は著しく縦扁し、背面から見ると頭部は特に幅広い。尾鰭にはよく目立つ黒斑がある。主に内湾の砂泥底域に生息するが、幼魚や若魚は河口域でもよく見られる。体色は生息環境に似ており、水底に擬態(ぎたい)しているため、すぐそばにいても気づかないほどだ。体に砂をかぶって姿を隠していることも多く、餌となる小魚やエビが近くを通るのを待ち伏せする。産卵期は5月ごろ。

オレンジ色の鰓蓋膜は水中でよく目立つ。佐賀県産

ヤマノカミ *Trachidermus fasciatus*
地 アイカケ、ヤマンカミ ／ 漢 山之神

ヤマノカミ属

中流　下流

- 長 15cm
- R 絶滅危惧ⅠB類（EN）
- 分 有明海流入河川／朝鮮半島・中国大陸黄海、東シナ海岸の河川

顔のとがったカジカの仲間。主に河川中流域の礫底に生息するが、本種は海に降りて繁殖するため、河川を横断するように作られた堰堤が障害となって、やむなく下流域で過ごすものもいる。ただしそのような場所では、夏の水温上昇に耐えられず、姿を消してしまうことが多い。多くは河川に遡上した年の秋に産卵を終えると死んでしまう。タイラギの空殻などに卵を産む。

カサゴ目カジカ科

カサゴ目カジカ科

川底に見事に同化したカマキリ。静岡県

カマキリ *Cottus kazika*

地 アイカケ、アラレガコ、ガクブツ。別名アユカケ ／ 漢 鎌切、鮎掛（アユカケ）

カジカ属

中流　下流

- 長 20cm
- R 絶滅危惧Ⅱ類（VU）
- 分 秋田県、神奈川県以南の本州、四国、九州
- 食 塩焼やちり鍋、甘露煮で賞味

国内の河川に生息するカジカ科の中では頭部が大きく、背面から見ると幅が広い。体色は生息環境にそっくりの見事な保護色で、川底でジッとしていることが多い。河川中流から下流に生息し、流れの速い礫底を好む。主に小魚を食べる。別名のアユカケは、鰓蓋にあるトゲでアユを引っ掛けて食うという言い伝えが由来。産卵期は1〜3月で、河口域や海の沿岸部で産卵する。

カサゴ目カジカ科

河川中流にいたカジカ大卵型。静岡県

琵琶湖のウツセミカジカは小卵型。滋賀県産

カジカ
Cottus pollux
地 ゴリ、ドンポ、オコゼ（ウツセミカジカ）、カズカ　／　漢 鰍、河鹿

カジカ属

上流 中流 下流

長 15cm

R 大卵型：準絶滅危惧（NT）中卵型・小卵型：絶滅危惧ⅠB類（EN）

分 大卵型：本州太平洋側、四国、九州北西部。中卵型：北海道日本海側、本州日本海側。小卵型：本州太平洋側、四国、九州北西部

食 串に刺した塩焼が絶品。他に佃煮やみそ汁、骨酒にして賞味

水が清浄で流れのある礫底を好み、よどんだ泥底にはすまない。主に河川上流から中流に生息し、卵が大きく一生を河川で過ごす大卵型、河川中流から下流に生息し、孵化後に仔魚がいったん海に降りる小卵型、さらに卵が中型で下流に生息する中卵型の3つの型があり、それぞれが別種と考えられている。

カサゴ目カジカ科

流程が短い小河川でもよく見られる。秋田県

カンキョウカジカ *Cottus hangiongensis*
地 別名キタノカジカ ／ 漢 咸鏡鰍

カジカ属

中流 下流

長 15cm

R 東北・北陸地方のカンキョウカジカ：絶滅のおそれのある地域個体群（LP）

分 北海道、東北地方、富山県／沿海州、朝鮮半島東部

河川にすむカジカ科の中では寸胴で、白い縁取りの明色斑紋が散在する。河川中流から下流に生息し、礫底を好む。産卵期は3〜6月で、大きな礫の下で卵を産む。卵同士は塊状にまとまるものの、粘着性が弱いために石につかないことも多いという。卵は孵化するまでオスによって守られる。仔魚はすぐに海へと降り、約1か月の浮遊生活を送る。

バイカモがたなびく湧水の川にいたハナカジカ。北海道

ハナカジカ *Boleophthalmus pectinirostris*
地 ―　　漢 花鰍

カジカ属

上流　中流

- 長 15cm
- R 東北地方のハナカジカ：絶滅のおそれのある地域個体群（LP）
- 分 北海道、青森県、秋田県、岩手県

胸鰭軟条数は13～15で、よく似たエゾハナカジカに比べて少ない（エゾハナカジカは15～17）。体色は川底の石によく似る。主に河川上流から中流に生息し、ゆるやかに流れる浅い礫底域を好む。水生昆虫や小魚などを食う。産卵期は4～5月で、石の下の隙間で産卵し、卵はオスによって守られる。

エゾハナカジカ
Cottus amblystomopsis （25cm）
地 ―　／　漢 蝦夷花鰍
分 北海道

スズキ目アカメ科

本種の眼は光の当たり方によって赤く光る。宮崎県産

アカメ *Lates japonicus*
地 マルカ、ミノウオ ／ 漢 赤目

アカメ属

下流　河口

- 長 120cm
- R 絶滅危惧ⅠB類（EN）
- 分 高知県、宮崎県
- 食 一般的な食材ではないが、刺身や塩焼き、煮つけなどにされる

幼魚の体側には、白色のやや乱れた横帯があるが、成長に伴い体は銀灰色へと変化する。幼魚は汽水域に生息し、アマモが繁茂する中で頭部を下に向けて静止していることが多い。幼魚の特徴的な模様は、主なすみかとなるアマモ場での擬態効果が高いと考えられる。成魚は河口域や沿岸域に生息する。体高が高く力も強いため、釣りでは強い引きを見せる。

タカサゴイシモチ属にはガラス細工のような魚が多い。沖縄県産

ナンヨウタカサゴイシモチ *Ambassis interrupta*
地 — ／ 漢 南洋高砂石持

タカサゴイシモチ属

河口

- 9cm
- 情報不足（DD）
- 琉球列島以南／インド・西太平洋

体は非常に透明感が強く、体高は高い。また第1背鰭はヨットのセールのように高く、第2棘はオレンジ色がかる。腹鰭先端には白色斑がある。主に汽水域に生息するが、大雨による増水時に淡水域に現れることがあり、タナゴモドキ（p.228）などと同所的に生息することもある。特に岸近くに生える植物の影などによく見られる。小形の水生生物などを好んで食う。

スズキ目タカサゴイシモチ科

スズキ目ケツギョ科

西日本の中流域を代表する淡水魚、オヤニラミ。広島県

オヤニラミ *Coreoperca kawamebari*
地 カワメバル、ヨツメ、ミツクリセイベ ／ 漢 親睨

オヤニラミ属

中流

- 長 13cm
- R 絶滅危惧ⅠB類（EN）
- 分 保津川、由良川以西の本州、四国北部、九州北部　移殖により東京都、愛知県、滋賀県／朝鮮半島南部

鰓蓋に濃紺色の眼状斑がある。河川中流域に生息し、岸寄りの植物が豊富に茂った流れのゆるやかな場所に多く見られる。産卵期は4～9月で、水中のツルヨシの茎や木の枝などに、規則正しく数列に並ぶように卵を産みつける。卵は孵化するまでオスによって守られる。近年、自然分布域ではない河川に定着しており、小魚を食う食性から在来淡水魚への影響が心配される。

スズキ目スズキ科

夜間、港の中の浅瀬でじっとしていたスズキ。千葉県

スズキ *Lateolabrax japonicus*
地 セイゴ（30cm以下）、フッコ（30〜60cm）、スズキ（60cm以上） ／ 漢 鱸

スズキ属

下流　河口　内湾

- 長 100cm
- R 有明海のスズキ：絶滅のおそれのある地域個体群（LP）
- 分 日本各地／〜南シナ海
- 食 旬は夏で、この時期の洗いが有名。他に刺身や塩焼き、包み焼など

体は長く、体側は銀白色。幼魚や若魚には、背から体側にかけて鱗とほぼ同じ大きさの黒点が散在するが、成長に伴って消失し、30cmほどになると多くの個体に黒点は見られなくなる。スズキというと海水魚のイメージが強いが、河川にも積極的に入り込み、淡水域に現われることも珍しくない。エビや小魚、水中を泳ぐゴカイなどを食う。ルアー釣りの対象魚。

スズキ目スズキ科

最大で1m20cmに達する大形魚。養殖個体

タイリクスズキ *Lateolabrax maculatus*
地 ホシスズキ ／ 漢 大陸鱸

スズキ属

下流　河口　内湾

- 120cm
- 要注意外来生物
- 福島県以南の太平洋岸、瀬戸内海、秋田県、福井県／原産地は黄海と渤海を含む東シナ海と、北部南シナ海の中国大陸沿岸
- 主に養殖魚が流通する。食べ方はスズキと同じ

スズキ（p.189）に酷似するが、頭部が丸みを帯びる。体側に散在する黒点は鱗よりも明らかに大きい。また成長しても黒点は残り、おおむね40cmを超えても黒点があるものはタイリクスズキ。食用魚として海上で養殖されていたものが、生簀(いけす)の破損によって逃げ出し野生化した。主に河口や沿岸に生息するが河川にも積極的に入り込み、淡水域にも見られる。

スズキが内湾に多いのに対し、本種は外洋に面した磯に多い。鴨川シーワールド

ヒラスズキ *Lateolabrax latus*
地 — ／ 漢 平鱸

スズキ属

河口

- 長 70cm
- 分 千葉県〜長崎県
- 食 洗いや刺身などで賞味

スズキ（p.189）に似るが体高が高く、尾鰭の切れ込みがやや浅いといった違いがある。また背鰭軟条は15〜16とスズキに比べて多い（スズキは12〜14）。主に外洋に面した岩礁域に生息するが、周辺の河川河口域に若魚や幼魚が進入することがある。引きが強いことからルアー釣りの対象魚としての人気が高く、海が荒れた波の高い日に釣れることが多い。

スズキ目サンフィッシュ科

成魚の鰓蓋には青い斑紋がある。滋賀県

ブルーギル *Lepomis macrochirus*
地 — ／ 漢 —

ブルーギル属

下流　池　湖沼　水路

- 長 25cm
- 外 特定外来生物
- 分 全国／原産地は五大湖からアメリカ合衆国東部を経てメキシコ北東部
- 食 塩焼やフライになるが、身は薄い

体は著しく側偏し、体高が高い。鰓蓋には濃紺色の斑紋があり、名前の由来にもなっている。河川下流域や湖沼など流れのゆるやかな場所を好み、湖では水深3m以浅の岸寄りに多い。小魚やエビのような甲殻類、落下昆虫から水草まで幅広く食う雑食性。オオクチバス(p.194)が生息する水域でも数を減らすことなく、むしろ優占種となっていることが多い。その理由の一つに、

スズキ目サンフィッシュ科

ブルーギルのコロニー。滋賀県

　本種の体形がオオクチバスにとって非常に食べにくいということがあげられるだろう。またオオクチバス同様、オスが卵や孵化した仔魚を守る習性が有利に働いていることは間違いない。産卵期は6～7月で、岸近くの水深50cm～1mの浅瀬にすり鉢状の巣を作る。本種の産卵床は隣接して作られ、コロニーを形成し、多いところでは20以上の産卵床が並ぶこともある。

ブルーギルの産卵。
メスは体を倒す。滋賀県

スズキ目サンフィッシュ科

迫力あるオオクチバスの顔。滋賀県

オオクチバス *Micropterus salmoides salmoides*
地 ブラックバス、ラージマウスバス ／ 漢 —

オオクチバス属

中流 下流 池
湖沼 水路

- 長 60cm
- 外 特定外来生物
- 分 青森県〜沖縄県／原産地は五大湖からアメリカ合衆国東部を経てメキシコ北部
- 食 天ぷらやムニエルなど。体表のぬめりに特有の臭みがあるので、熱湯をかけてからはぐとよい

「オオクチ」の名が示すように、口が大きい。吻端から尾鰭基底にかけては黒褐色の斑紋が並ぶ。河川中流から下流、湖沼に生息し、流れのゆるやかな場所を好む。魚食性が強く主に小魚を食うが、落下昆虫やカエルのような両生類、スジエビのような甲殻類なども食う肉食性。そのため本種が侵入した水域で

●スズキ目サンフィッシュ科

浅瀬で行われる産卵。滋賀県

水草の影に潜む幼魚。滋賀県

は水生生物が著しく減少する。北アメリカ原産の淡水魚で、1925年に神奈川県芦ノ湖に初めて導入された。その後、釣りを目的とした密放流がくり返され、現在は全国に分布を広げている。産卵期は地域によって異なるが、本州の平野部では水温が15℃を越える5月ごろから始まる。産卵期にはオスが水深50cmほどの礫底にすり鉢状の産卵床を作り、メスを迎え入れて産卵が始まる。オスは卵を守り、稚魚が泳ぎ始めてもしばらくの間、保護を続ける。

スズキ目サンフィッシュ科

興味深そうにカメラをのぞき込むコクチバス。山梨県

コクチバス *Micropterus dolomieu*
地 ブラックバス、スモールマウスバス ／ 漢 —

オオクチバス属

中流　下流　湖沼

長 40cm

外 特定外来生物

分 本州各地で分布を拡大／原産地は五大湖からアメリカ合衆国東部

食 天ぷらやムニエルなど。体表のぬめりに特有の臭みがあるので、熱湯をかけてからはぐとよい

オオクチバス（p.194）に似るが、本種の体色は暗い黄褐色で、時に体側に暗色横帯が現れる。また、オオクチバスに比べて口が小さく、15cm以上に成長すると鰓蓋(さいがい)後端に小さい白斑が現れる。北アメリカ原産の淡水魚で、1991年に長野県野尻湖で初めて確認され、その後、分布が拡大している。河川中流から下流、湖沼に生息するが、比較的流れが速い水域でも生活できる。

スズキ目テンジクダイ科

テンジクダイの仲間で川にすむ種は珍しい。沖縄県産

アマミイシモチ *Fibramia amboinensis*
地 シルウフミー ／ 漢 奄美石持

コミナトテンジクダイ亜科イトヒキテンジクダイ族サンギルイシモチ属

河口

- 長 8cm
- 分 奄美大島以南／台湾、パラオ諸島、ニューギニア

体は透明感があり、体側には吻端から眼を通る暗色縦条が入る。また尾柄後端に黒色斑が1つある。主に汽水域に生息し、河川内で見られるテンジクダイ科の中では個体数が多い。岸近くに生える植物の影など、流れのゆるやかな場所に群れを作って生活する。特にマングローブの根の間に多い。産卵期は4〜11月と長く、卵は孵化するまでの間、オスの口の中で保護される。

スズキ目アジ科

水中で出会ったギンガメアジの大群。パラオ

ギンガメアジ
Caranx sexfasciatus
地 —
漢 銀紙鯵

ギンガメアジ属

ギンガメアジの幼魚
宮崎県産

河口

長 50cm
分 南日本／インド・太平洋域、東部太平洋

食卓でおなじみのアジの仲間だが、体高が高く眼が大きい。若魚の体側には5本の不明瞭な暗色横帯が入る。最大で60cmに達するが、夏に南日本の河口に現れるのは主に20cm以下の若魚で、数匹の群れで泳ぐ姿がよく見られる。成魚は外洋に面した岩礁性の海域に多い。魚食性が強くルアーを積極的に追うため、釣魚としての人気も高い。

スズキ目アジ科

ロウニンアジ
Caranx ignobilis
地 —
漢 浪人鯵

ギンガメアジ属

ロウニンアジの幼魚
宮崎県産

河口

長 100cm
分 南日本／インド・太平洋域

若魚はギンガメアジに酷似するが、本種はさらに体高が高く、体側の横帯はギンガメアジに比べてより不明瞭。ギンガメアジ同様、本種も夏になると南日本の河川河口に現れるが、数は少ない。成魚は最大で1mを超え、サンゴ礁外縁の浅所にすむ。ジャイアント・トレバリーの名で、釣り人に人気のある魚。

スズキ目ヒイラギ科

釣りで目にする機会が多いヒイラギ。鴨川シーワールド

ヒイラギ *Nuchequula nuchalis*
地 ギラ、ギュウギュウ、イノハ ／ 漢 鮗

ヒイラギ属

河口　内湾

- 長 12cm
- 分 琉球列島を除く南日本／台湾、中国沿岸
- 食 塩焼、煮つけ、から揚げ、南蛮漬けなど。若魚の干物が販売されていることも多い

体は側扁し、背鰭前部によく目立つ黒斑がある。鰭の鋭いトゲが柊(ひいらぎ)の葉を連想させることが和名の由来。体表を覆う粘液はべとつき、素手で触るとよくわかるが、背鰭や臀鰭、腹鰭に鋭いとげがあるので注意が必要。主に内湾で群れを作って生活し、漁港など波がなく穏やかで透明度の低い場所に多いが、河口に入ることもある。前下方に伸びる口で、底砂中のゴカイなどを食う。

スズキ目ヒイラギ科

体側上部の縞模様が特徴的なセイタカヒイラギ。アクアマリンふくしま

セイタカヒイラギ *Leiognathus equulus*
地 ユダヤガーラ ／ 漢 背高鮗

セイタカヒイラギ属

河口　内湾

長 20cm

分 琉球列島／インド・西太平洋域

ヒイラギに比べてより大きく成長し、体高も高くなる。体側上部には薄くて細い暗色の横帯が密に並ぶが、不明瞭な個体もいる。また、幼魚のうちは幅が広く本数も少ない。体表の粘液はヒイラギ同様べとつくため、沖縄県では「ユダヤガーラ」(ユダヤはよだれの意。ガーラはアジを指す)と呼ばれる。主に内湾に生息し、未成魚は河川汽水域にも入る。砂泥底を好む。

スズキ目フエダイ科

飼育下では人によく馴れる。沖縄県産

ゴマフエダイ *Lutjanus argentimaculatus*
地 カースビ ／ 漢 胡麻笛鯛

フエダイ属

河口　内湾

長 50cm

分 南日本／〜インド・西太平洋域

本種の腹鰭は赤く、幼魚は特に色が濃く鮮やか。また背鰭や臀鰭棘条部にも赤色帯がある。さらに幼魚は7〜8本の暗褐色の横帯があるが、成長に伴い消失する。成魚は主に内湾に生息するが、幼魚や若魚は河川にも入り込み、淡水域まで見られる。川幅が1mほどで、水深が30cmに満たないような小河川でもよく見かける。エビや小魚を食い、大形個体はルアーにもよくかかる。

スズキ目クロサギ科

イトヒキサギの分布域はヤマトイトヒキサギよりも南になる。アクアマリンふくしま

イトヒキサギ *Gerres filamentosus*
地 —　／　漢 糸引鷺

クロサギ属

河口　内湾

長 25cm

分 南日本の太平洋岸／インド・西太平洋域

背鰭第2棘が糸状に伸長する。体側に不明瞭な楕円形の斑紋が規則正しく並び、横帯状をなす。本種に酷似するヤマトイトヒキサギは、主に和歌山県〜鹿児島県に分布する。イトヒキサギはヤマトイトヒキサギに比べ側線鱗が多く43〜46（ヤマトイトヒキサギは40〜43）。また、眼はヤマトイトヒキサギに比べて大きい。主に内湾に生息するが河口域にも入る。砂泥底を好む。

スズキ目クロサギ科

海底からわずかに浮いて静止しているクロサギ。静岡県

クロサギ *Gerres equulus*
地 アマギ、マキ ／ 漢 黒鷺

クロサギ属

河口　内湾

長 20cm

分 佐渡島、房総半島以南の琉球列島を除く南日本／朝鮮半島南部

体は銀色で背鰭前端は黒ずむ。幼魚のうちは体側に不明瞭なまだら模様が現れていることが多い。波の穏やかな内湾に生息し、砂底を好む。汽水域に入るのは10cm以下の若い個体が多い。海底近くを主な生活の場とし、小さな群れを作る。水中ではよく伸びる口を底砂中に差し込み、砂ごとゴカイなどの餌をあさる姿が見られる。危険を感じると砂に潜る習性がある。

水中写真からクロサギと識別するのは難しい。アクアマリンふくしま

ミナミクロサギ *Gerres oyena*
地 ー／漢 南黒鷺

クロサギ属

[河口] [内湾]

長 20cm

分 琉球列島／インド・西太平洋域

クロサギに酷似するが、体長が13cmを超えるものでは、吻背面の無鱗部の周囲に極めて細かい鱗が並ぶ（クロサギに細かい鱗はない）。また、クロサギに比べて体高がやや高く、口が大きいという特徴があるが、その差は微妙で見慣れないと見極めるのは難しい。クロサギよりも分布が南なので、産地も識別の重要な情報になる。主に内湾に生息し、砂底を好む。

スズキ目タイ科

海底の礫の隙間に潜む餌を探すクロダイ。静岡県

クロダイ *Acanthopagrus schlegelii*
地 カイズ、チヌ、チンチン ／ 漢 黒鯛

クロダイ属

河口　内湾

- 長 50cm
- 分 北海道〜九州／朝鮮半島南部、中国北部、台湾
- 食 刺身やあらい、塩焼、吸い物、煮つけで賞味。旬は秋。生息環境によっては臭みがある

いわゆる「鯛(たい)」らしい体形の魚だが、体色は銀灰色。幼魚や若魚には8〜10本の暗色横帯がある。主に内湾に生息し、護岸整備が進んだ港湾には特に多い。港湾の岸壁や消波ブロックが並ぶ場所には餌となるムラサキイガイやカニが多く、これらを好んで食う。河口域にもその姿が見られるが、多くは若魚や幼魚。産卵期は4〜6月。オスからメスに性転換することが知られる。

スズキ目タイ科

アカメの撮影に訪れた高知県の河川で見つけたキチヌ。高知県

キチヌ *Acanthopagrus latus*
地 キビレ、キチン　／　漢 黄知奴

クロダイ属

`河口` `内湾`

- 40cm
- 南日本／台湾、東南アジア、オーストラリア、インド洋、紅海、アフリカ東岸
- 刺身や塩焼きにするが生息環境によっては臭みがある

クロダイに似るが、腹鰭や臀鰭、尾鰭下葉が黄色いため識別は容易。主に汽水域や内湾に生息し、漁港の岸壁や消波ブロックの周辺でよく見られるが、これはクロダイ同様、餌が豊富にあるためだろう。産卵期は9〜11月で、春に産卵期を迎えるクロダイとは大きく異なる。宮崎県の河川では、潮の影響を受ける汽水域で活エビを餌にするとよく釣れる。性転換することが知られる。

スズキ目キス科

福岡県産

アオギス *Sillago parvisquamis*
地 ヤギス ／ 漢 青鱚

キス属

食材や釣り魚としてもなじみのあるシロギスに似るが、シロギスの腹鰭が白いのに対し、本種の腹鰭は黄色い。体色はやや青味がかり、アオギスの名前の由来になっている。干潮時に広大な砂質の干潟が現れる水域に生息し、特に産卵期の6月には岸近くに現れ、周辺の河口域にも入り込む。しかしそれ以外の時期にはやや深場に移動するためか、岸から釣れることはほとんどない。かつては広大な干潟を有した東京湾も本種の主要な生息地で、「脚立釣り※」という一風変わった釣り方でアオギスを狙う釣り人も多かったという。しかし現在は埋め立てによって全国各地で干潟が消滅し、多くの水域で姿を消してしまった。

※干潟に脚立を立てて潮が満ちてくるのを待ち、上げ潮に乗ってくるアオギスを釣る方法。

河口　内湾

📏 30cm

🅁 絶滅危惧ⅠA類（CR）

分 吉野川河口、福岡県、大分県、鹿児島県、台湾

味 天ぷらや刺身で賞味するが、現在は九州の一部地域でしか捕れない

スズキ目ヒメツバメウオ科

飼育には淡水よりも半海水程度の塩分を含んだ水がいい。アクアマリンふくしま

ヒメツバメウオ *Monodachtylus argenteus*
地 カーサー ／ 漢 姫燕魚

ヒメツバメウオ属

河口

⻑ 15cm

分 宮古島以南／〜インド・西部太平洋、紅海

矢尻のような体形で、背鰭と臀鰭は鎌形に後方を向くが、腹鰭は小さく目立たない。背鰭は明るい黄色。幼魚の頭部には2本の黒色横帯がある。主に河口域で数匹の群れを作って生活する。全長10cm以下の幼魚は、クロホシマンジュウダイ (p.285) などとともに岸寄りのアダンなどの葉が水中に垂れ下がる物陰で捕れることが多い。属名「モノダクチルス」の名で販売されている。

スズキ目テッポウウオ科

口から水を吹く特異な習性は一般にもよく知られる。アクアマリンふくしま

テッポウウオ *Toxotes jaculatorix*
地 ― ／ 漢 鉄砲魚

テッポウウオ属

河口

- 25cm
- R 情報不足（DD）
- 分 西表島／西部インド洋を除くインド・西太平洋域

体側上部に5個の黒斑が並ぶ。国内では沖縄県西表島など、主に八重山諸島の島から記録がある。比較的規模の大きな河川河口に生息し、特にマングローブ域に多い。大形のものは30cmを超える。口から水鉄砲のように水を噴出し、陸上の昆虫を打ち落とすことが和名の由来。観賞魚としてなじみ深い魚で、「アーチャーフィッシュ」の名で販売されている。

スズキ目カワスズメ科

本種は口内保育を行わず、水底の礫に卵を産みつける。沖縄県産

ジルティラピア *Tilapia zillii*
地 — ／ 漢 —

ティラピア属

湖沼 水路

- 長 30cm
- 外 国外外来種
- 分 滋賀県、鹿児島県、沖縄県／原産地はアフリカ大陸赤道以北、パレスチナ

カワスズメ（p.212）やナイルティラピア（p.213）に似るが、本種は胸部周辺が赤く染まり、また尾鰭が黄色味を帯びる。アフリカ原産の淡水魚で、主に沖縄県の池やダム湖に定着している。九州以北では、滋賀県や鹿児島県にわずかに定着しているが、工場の温排水や湧水によって冬でも一定以上の水温が保たれる水域に限られている。短期間なら6〜7℃の低水温に耐えられる。

スズキ目カワスズメ科

沖縄島ではナイルティラピアとの交雑種が確認されている。沖縄県産

カワスズメ *Oreochromis mossambicus*
地 テラピア、モザンビークティラピア ／ 漢 川雀鯛

カワスズメ属

下流　湖沼

- 長 40cm
- 外 要注意外来生物
- 分 北海道、鹿児島県、沖縄県／原産地はモザンビークから南アフリカのアルゴア湾のアフリカ大陸南東岸
- 食 バター焼き、ムニエル、フライなど、いろいろな料理に利用できる

吻端には、主食となる付着藻類を食うのに適したやや幅広の口がある。河川下流域や湖沼など、流れのゆるやかな場所に生息する。水質汚染に強く、沖縄島では市街地の汚れた川にも生息している。また、放流が行われたとは思えないような小河川にも生息しており、一度海に降りたカワスズメが再び手ごろな川に遡上し、自ら分布を広げていると考えられる。

●スズキ目カワスズメ科

かつては食用として盛んに養殖されたことがある。神奈川県産

ナイルティラピア *Oreochromis niloticus*
地 テラピア、チカダイ、イズミダイ ／ 漢 近鯛

カワスズメ属

中流 下流 湖沼

長 50cm

外 要注意外来生物

分 南日本の温泉地や工場排水で温暖な水域、沖縄県／原産地は熱帯西アフリカ、ナイル川水系、エチオピア、西リフトバレー、イスラエル

食 バター焼き、ムニエル、フライなど、いろいろな料理に利用できる

カワスズメに酷似するが体高が高く、尾鰭には明瞭な横縞がある。メスが口の中で卵を保護する習性があり、孵化後もしばらくの間は稚魚がメスの周囲で育ち、外敵が近づくと口の中に隠れる。冬の低水温には弱いため、工場や温泉の排水、あるいは豊富な湧水により、冬でも生存可能な水温が保たれている場所だけに定着している。本州ではカワスズメより本種が多い。

スズキ目シマイサキ科

何でもよく食べ水質の変化にも強いので飼育しやすい。千葉県産

コトヒキ *Terapon jarbua*
地 ジンナラ、タルコ。別名ヤガタイサキ　／　漢 琴引、琴弾

コトヒキ属

河口　内湾

長 30cm

分 南日本／インド・太平洋域

食 刺身や洗い、塩焼などで賞味

体側には3本の暗色縦帯があるが、いずれも湾曲しているのが本種の特徴。この特徴は数cmの幼魚のうちから顕著に現れる。伊豆半島や房総半島では、夏から秋にかけて干潟が発達した内湾や、そこに注ぎ込む川の河口、さらに磯のタイドプールなどに幼魚が現れる。ただし動きはすばやく、網で捕まえるのはなかなか難しい。慣らせば淡水でも飼育できる。

スズキ目シマイサキ科

海で見つけた成魚。川で見られるのは10cm以下のものが多い。静岡県

シマイサキ *Rhyncopelates oxyrhynchus*
地 スミヤキ、カワススギ、スミナガシ ／ 漢 縞伊佐幾

シマイサキ属

河口 内湾

- 長 30cm
- 分 南日本／台湾～中国、フィリピン
- 食 刺身や塩焼き、煮つけなどで賞味

体側に直線的な黒色縦帯が入り、吻はとがる。幼魚のうちは体色がやや黄色味を帯びる。主に内湾や汽水域に生息する。特に河口に広がるアマモ場では、夏になると本種の幼魚がよく捕れる。また、川底に沈む牡蠣の殻やタイヤなどに隠れていることも多く、こうした障害物の近くに網を入れると捕れることが多い。産卵期は5～8月。鰾を使って「グゥグゥ」と発音する。

スズキ目ユゴイ科

小さな滝と淵が連続するような渓流にも現れる。沖縄県産

オオクチユゴイ *Kuhlia rupestris*
地 ミキュー（混称） ／ 漢 大口湯鯉

ユゴイ属

中流　下流　河口

長 25cm

分 高知県以南／インド・西太平洋域

体側には黒点が密在する。幼魚の尾鰭の上葉と下葉には、それぞれ1つずつの黒斑があるが、成長に伴い全体が黒ずみ黒斑は不明瞭になる。また幼魚のうちは背鰭軟条部前端にも黒斑があるが、こちらも鰭の黒ずみとともに不明瞭になる。主に河川中流から下流に生息する。落下昆虫を好んで食うが、水生昆虫や小魚も食う。産卵は汽水域や海で行われる。

スズキ目ユゴイ科

南国の光が降り注ぐ川を泳ぐユゴイ。沖縄県

ユゴイ *Kuhila marginata*
地 ミキュー ／ 漢 湯鯉

ユゴイ属

中流　下流　河口

長 20cm

分 南日本／台湾、フィリピン、インドネシア、ポリネシア

体形、色彩ともにオオクチユゴイに似るが、本種の黒点は体側上部に散在する。また尾鰭は後縁が黒く縁取られるが、幼魚でもオオクチユゴイに見られる上葉、下葉の黒斑はない。沖縄島ではリュウキュウアユ（p.130）やナンヨウボウズハゼ（p.237）が泳ぐ河川中流域のやや流れがある場所で、数匹の群れを見ることができる。主に落下昆虫や水生昆虫を食う。

スズキ目イソギンポ科

頭部にあるとさか状の突起がよく目立つ。高知県

トサカギンポ *Omobranchus fasciolatoceps*
地 ― ／ 漢 鶏冠銀宝

ナベカ属

河口　内湾

6cm

富山湾、東京湾、瀬戸内海、高知県／台湾、中国沿岸

頭部にあるとさか状の突起がよく目立つイソギンポの仲間。主に内湾に生息するが、塩分濃度の高い河口域にも見られる。特に垂直に近い岩礁を好み、同じような環境の岸壁にも多い。水中では付着している牡蠣の上で休む姿がよく観察される。また、こうした牡蠣殻の隙間をすみかとして利用している。単独で生活するが、1尾見つかると周辺にたくさん暮らしていることが多い。

水が勢いよく落ち、白泡が渦まく滝つぼなどに見られる。沖縄県

ツバサハゼ *Rhyacichthys aspro*
地 ― ／漢 翼鯊

ツバサハゼ属

上流

- 25cm
- 絶滅危惧ⅠA類（CR）
- 石垣島、西表島／西太平洋域

腹側はほぼ平面に近く、一方で背側はゆるやかなカーブを描く。大きな胸鰭は前方に向かって傾斜しており、水の流れによって体を下方に押しつけるのに適した体形。また、腹鰭と臀鰭の間の鱗はやや逆立っており、これは急流の中で流されるのを防ぐ効果があると考えられる。国内では石垣島と西表島だけに生息し、個体数は少ない。主に水生昆虫などを食う。

スズキ目ドンコ科

川底でじっと動かないドンコ。広島県

ドンコ *Odontobutis obscura*
地 ドホオズ、ドロボウ、ドンカチ ／ 漢 鈍甲

ドンコ属

中流 小川

- 長 15cm
- 分 愛知県、新潟県以西の本州、四国、九州。移殖により神奈川県
- 食 塩焼や甘露煮、煮つけ、から揚げなど

体はずんぐりしていて頭部が大きい。河川中流域や小川などに生息し、流れのある砂礫底を好む。特に岸寄りのツルヨシが茂るような場所に多い。夜行性で、昼間は植物の根元などに潜み、暗くなると餌をあさる。主にエビなどの甲殻類や小魚を食う。近年、自然分布域ではない神奈川県下の河川に定着しており、場所によっては優占種となるほど数が増えている。

スズキ目ドンコ科

イシドンコは近縁のドンコに比べやや細身。島根県

イシドンコ *Odontobutis hikimius*
地 — / 漢 石鈍甲

ドンコ属

上流

- 長 15cm
- R 絶滅危惧Ⅱ類（VU）
- 分 島根県、山口県

酷似するドンコより側線鱗がやや多い（イシドンコ：38〜49、ドンコ：31〜41）。分布は狭く、島根県高津川水系上流域と周辺の河川に限られる。ただし高津川水系の中流から下流、および上流域の一部にはドンコが生息しているため、両種の識別をさらに難しくしている。本種は砂礫底を好み、岸寄りに生える植物の根元に潜んでいることが多い。2002年に新種として報告された。

スズキ目カワアナゴ科

カワアナゴ科の中では小形で体も細い。沖縄県産

ヤエヤマノコギリハゼ *Butis amboinensis*
地 —／漢 八重山鋸鯊

ノコギリハゼ亜科ノコギリハゼ属

下流

- 長 8cm
- R 絶滅危惧ⅠA類（CR）
- 分 石垣島、西表島／台湾、アンダマン諸島、西・南太平洋域

とがった顔が特徴的なカワアナゴ科の魚で、体色は水中に沈む木に似ている。主に汽水域に生息し、岸際に生えるアダンが水中に垂れ下がった場所で、葉の裏側などに頭を下にした状態で静止していることが多い。ただし、本種の腹鰭は2枚に分かれており、吸盤状のハゼ科のように吸いつくわけではないようだ。国内では石垣島と西表島だけに分布するが、個体数は少ない。

スズキ目カワアナゴ科

前鼻孔が筒状に突出しよく目立つ。沖縄県産

ジャノメハゼ *Bostrychus sinensis*
地 — ／ 漢 蛇の目鯊

ノコギリハゼ亜科ジャノメハゼ属

河口

- 長 15cm
- R 絶滅危惧ⅠB類(EN)
- 分 台湾、西・南太平洋域

汽水域のマングローブ帯に生息し、マングローブの根元が深くえぐれたような場所で見られることが多い。また、ノコギリガザミが掘った巣穴の中に潜んでいることも多いという。鱗が細かく体表を覆う粘液が多いため、手に取るとヌルヌルする。尾鰭の付け根上部に黄色い縁取りのある眼状斑があるため、近似種との識別は容易。水中の小形生物を食うが、特にカニ類を好む。

スズキ目カワアナゴ科

日本のハゼの仲間の中では最も大きい。アクアマリンふくしま

ホシマダラハゼ *Ophiocara porocephala*
地 — ／ 漢 星斑鯊

ノコギリハゼ亜科ホシマダラハゼ属

河口

- 長 30cm
- R 絶滅危惧Ⅱ類（VU）
- 分 宮古島、石垣島、西表島／中国、インド・西・南太平洋域

日本産のハゼの仲間の中では特に大きくなり、全長30cmを超える。若魚は頭部下面や体側に青緑色の斑点が密在するが、成長に伴い不明瞭となる。背鰭や臀鰭、尾鰭は黄色く縁取られよく目立つ。幼魚は第2背鰭前縁および尾柄に白色横帯がある。主に河口域に生息し、マングローブ帯の水路のやや水深がある泥底に多い。エビなど小形の水生生物を好んで食う。

•スズキ目カワアナゴ科

胸鰭基部の中ほどに2個の黒斑があるのが本種の特徴。静岡県産

カワアナゴ *Eleotris oxycephala*
地 アナゴ、アブラドンコ、ドウマン ／ 漢 川穴子

カワアナゴ亜科カワアナゴ属

下流　河口

- 25cm
- 関東地方〜種子島／中国
- 煮つけや天ぷらなど

体色は黒褐色のものが多いが、背面だけを明るい褐色に変化させることもよくある。夜行性で、昼間は水底に沈む木やコンクリートブロックなどの物陰におり、川底に沈む竹筒の中に潜んでいることも多い。夜になると餌を求めて動き出す。主にエビなどの甲殻類を好むが、小魚なども食べる肉食性。河川下流域や河口域に多く、やや流れのある場所によく見られる。

スズキ目カワアナゴ科

胸鰭と尾鰭の基底上部にそれぞれ1つずつ黒斑がある。沖縄県

テンジクカワアナゴ *Eleotris fusca*
地 ─ ／漢 天竺川穴子

カワアナゴ亜科カワアナゴ属

中流　下流

長 20cm

分 静岡県、宮崎県〜西表島、／中国、台湾、インド・西・南太平洋域

よく似るカワアナゴ（p.225）とは胸鰭と尾鰭の基底上部に黒斑をもつことで識別できる。本種は、国内では琉球列島で普通に見られる。河川中流から下流に生息するが、カワアナゴとは異なり海水の影響を受ける汽水域にはいない。流れのゆるやかな淵などに多く、川の上を木々に覆われたやや暗い流れの岩の下や、水底に積もった落ち葉周辺で見られることが多い。

スズキ目カワアナゴ科

胸鰭の基底上部に1つの黒斑がある。沖縄県産

チチブモドキ *Eleotris acanthopoma*
地 ― ／漢 ―

カワアナゴ亜科カワアナゴ属

下流　河口

長 15cm

分 千葉県〜西表島、小笠原諸島／台湾、西および南太平洋域

カワアナゴ（p.225）やテンジクカワアナゴに似るが、本種には胸鰭の基底上部に1つの黒斑がある。また前2種に比べやや太く短い体形で、ずんぐりした印象を受ける。主に汽水域に生息し、岸際に倒木が沈んでいるような隠れ家のある場所に見られ、泥底を好む。カワアナゴと同じく夜行性で、暗くなると隠れ家から出てきて餌をあさる。主に小形のエビなどを食う肉食性。

227

泳ぐ姿はタナゴの仲間を連想させる。沖縄県産

タナゴモドキ *Hypseleotris cyprinoides*
地 ― ／ 漢 鰱擬

カワアナゴ亜科タナゴモドキ属

下流　小川　水路

- 長 7cm
- R 絶滅危惧ⅠB類（EN）
- 分 奄美大島以南／レユニオン島、西・南太平洋域

流れのゆるやかな小河川や農業用水路、さらには湿地のような水がよどんだ場所にすむ。特に水草が豊富に生えた場所を好み、中層をよく泳ぐ。体側中央には吻端から尾鰭付け根にかけて暗色縦帯がある。産卵期は4〜12月と比較的長く、水草に産みつけられた卵はオスが守る。婚姻色が現れたオスの背鰭は黒くなり、白色斑が目立つ。また体は濃い赤に彩られ鮮やかになる。

スズキ目ハゼ科

体色が鮮やかなタメトモハゼは、南国の魚らしい雰囲気を持つ。沖縄県産

タメトモハゼ *Ophieleotris* sp.
地 — ／ 漢 為朝鯊

カワアナゴ亜科タメトモハゼ属

下流　小川

- 長 20cm
- R 絶滅危惧ⅠB類（EN）
- 分 屋久島、琉球列島／台湾、アンダマン諸島、西・南太平洋域

青緑色や赤色、黄色の斑紋が体側に現れた体色は非常に鮮やかで、特に婚姻色が現れたオスは美しい。主に河川下流域に生息し、流れのゆるやかなよどみなどに多く見られる。中層を静止するように泳ぎ、水面下で浮いていることも多い。ただし危険を感じると瞬時に泳ぎ去り、遊泳力があるためタモ網で捕まえるのは難しい。水面を流れる落下昆虫などを好んで食う。

スズキ目ハゼ科

東京湾奥部はトビハゼの分布北限。東京都

トビハゼ。東京都産

トビハゼ
Periophthalmus modestus
地 カッチャハゼ、カタハゼ
漢 跳鯊

トビハゼ属

河口

📏 8cm

R 準絶滅危惧（NT）

分 東京湾〜沖縄島／朝鮮半島、中国、台湾

河口や内湾に広がる干潟に生息し、特に泥底を好む。魚でありながら主に水辺の陸上で生活し、胸鰭を使って泥の上を器用に歩く。乾燥には弱いため、時折泥の上で体を横に倒して転がり、体表を湿らす。気温が下がる11〜3月ごろまでは泥中の巣穴の中で過ごすため、干潟で見かけることはない。

スズキ目ハゼ科

干潟を歩き回るミナミトビハゼ。沖縄県

ミナミトビハゼ。沖縄県産

河口

長 8cm

分 琉球列島／インド・西・南太平洋域

ミナミトビハゼ
Periophthalmus argentilineatus
地 トントンミー
漢 南跳鯊

トビハゼ属

トビハゼに似るが、第1背鰭の外縁はやや直線的で、前端は角ばる。また第2背鰭の黒色縦帯がトビハゼに比べて明瞭で、識別のポイントになる。主に河口域に生息し、マングローブの気根の上や水際の砂泥上で生活する。危険を感じると水に飛び込むが、水中を泳がず水面を跳んで逃げる。

スズキ目ハゼ科

頭を左右に振りながら泥上の珪藻を食う姿が見られる。佐賀県

ムツゴロウ *Boleophthalmus pectinirostris*
地 カッチャムツ、ムツ、カナムツ、ホンムツ　／　漢 鯥五郎

ムツゴロウ属

河口　内湾

- 長 15cm
- R 絶滅危惧ⅠB類(EN)
- 分 有明海、八代海／朝鮮半島、中国、台湾
- 食 蒲焼や甘露煮のほか、塩焼、から揚げ、みそ汁など。有明海沿岸の鮮魚店には活魚が並ぶ

魚でありながら空気中でも活動することができ、潮が引いた干潟で泥の上をはい回る。眼が頭部背面に突出しているが、これは干潟でより遠くを見渡すのに役立つのだろう。場所によっては漁港などから観察できるが、危険を感じると泥底に掘った巣穴に瞬時に逃げ込む。産卵期は5〜7月で、求愛のために体を大きくくねらせながらジャンプする姿が見られる。

南の島の渓流にひっそりと暮らすハゼ。沖縄県産

ヨロイボウズハゼ *Lentipes armatus*
地 ― 漢 鎧坊主鮫

ヨロイボウズハゼ属

[上流]

- 長 5cm
- R 絶滅危惧Ⅰ A類（CR）
- 分 奄美大島、沖縄島、石垣島、西表島

オスには第2背鰭を通る幅広の暗色横帯がある。また婚姻色が現れたオスの腹部は青緑色に彩られる。森の中を流れる渓流に生息し、やや流れの速い浅い落ち込みなどで見かけることが多い。小形の水生生物や付着藻類を食う雑食性。奄美大島、沖縄島、石垣島、西表島のみに分布する日本固有種。

カエルハゼ
Sicyopus leprurus（5cm）
地 ― 漢 蛙鮫
R 絶滅危惧Ⅰ A類（CR）
分 石垣島、西表島／マリアナ諸島

雌雄ともに眼から吻端にかけて暗色線が入る。またオスの背鰭には薄い黄色帯がある。河川上流域に生息し、特にうっそうとした森の中を流れる渓流を好むが、ヨロイボウズハゼに比べるとやや流れのゆるやかな浅い淵にいることが多い。このような淵には砂が堆積していることが多いが、本種は岩盤の壁などに張り付いている。

スズキ目ハゼ科

本種が琉球列島に少ないのは、分布の縁にあたるからだろう。沖縄県産

アカボウズハゼ *Sicyopus zosterophorum*
地 — ／ 漢 赤坊主鯊

アカボウズハゼ属

[上流]

- 長 5cm
- R 絶滅危惧ⅠA類（CR）
- 分 沖縄島、石垣島／西太平洋域

オスは体の後半部が赤く、産卵期になると特に鮮やかになる。主に河川上流域に生息し、頭上が開けた明るい滝壺などでよく見られるが、森の中をゆるやかに流れるごく浅い細流にも生息する。上流に向かって積極的に遡上し、途中に障害となる滝があってもものともしない。落差が10m以上ある滝の上にある淵にもその姿が見られる。国外では西太平洋域の島に広く分布する。

写真は平常色で鮮やかさに欠けるが、婚姻色は息をのむほど美しい。沖縄県産

ルリボウズハゼ *Sicyopterus lagocephalus*

地 —　／　漢 瑠璃坊主鯊

ボウズハゼ属

[上流]

- 10cm
- R 絶滅危惧Ⅱ類（VU）
- 分 奄美大島、沖縄島、石垣島、西表島、小笠原／台湾、西太平洋域

ボウズハゼ（p.236）に似るが、本種の吻はやや丸みを帯びる。雌雄ともに尾鰭の中央と上下に3本の暗色縦帯がある。産卵期のオスは体が鮮やかな瑠璃色になり、尾鰭も濃い黄色に彩られる。河川上流域に生息するが、水量が豊富な河川を好み、小さな島によく見られる細い流れにはいない。また餌となる藻類がよく生えるためか、日当たりの良い水域に多い。

●スズキ目ハゼ科

235

スズキ目ハゼ科

河川中流域に潜るとよく見られるボウズハゼ。静岡県

ボウズハゼ *Sicyopterus japonicus*

地 ボウズゴリ、イシハゼ、スイツキ ／ 漢 坊主鯊

ボウズハゼ属

上流 中流

長 12cm

分 栃木県〜西表島／台湾

顔はつるりとして丸みを帯び、ユーモラスな顔つきをしたハゼの仲間。河川中流域の礫底に生息する。オスは第1背鰭の第3、第4軟条が糸状に伸び、背鰭と臀鰭はメスに比べて大きい。岩に生える藻類を主な餌とし、歯を使って削り取って食う。ボウズハゼは縄張りをもつことが知られており、同じく付着藻類を食うアユ (p.128) に対しても攻撃をしかけることがある。

沖縄の渓流では比較的よく見られる（オス）。沖縄県産

メス。沖縄県

ナンヨウボウズハゼ *Stiphodon imperiorientis*
地 —　／　漢 南洋坊主鯊

ナンヨウボウズハゼ属

上流　中流

長 4cm

分 南西諸島／台湾、西・南太平洋域

オスの頭部は青く、第2背鰭と臀鰭は橙色。ただし、稀に体の青味が強い個体も見つかる。メスには2本の黒色縦条があり、体色が異なることから、雌雄は容易に識別できる。河川上流から中流に生息し、やや流れがゆるやかな場所では中層をホバリングする姿も見られる。日当たりの良い水域を好み、森の中を流れる渓流では薄暗い場所にはいない。

スズキ目ハゼ科

春になるとビニール袋にパッキングされた活魚が市場に並ぶ。静岡県産

シロウオ *Leucopsarion petersii*

地 イササ、ギャフ、シラウオ、ヒウオ ／ 漢 素魚

シロウオ属

下流　河口　内湾

- 長 5cm
- R 絶滅危惧Ⅱ類（VU）
- 分 北海道函館湾〜鹿児島県志布志湾／朝鮮半島
- 食 二杯酢に漬けて生きたまま食べる踊り食いが有名。その他酢とじにして賞味

体はやや飴色がかるが透明で、卵巣や洋梨型の鰾がはっきりと見える。波の静かなアマモ場などに生息し、河川には産卵のために遡上する。北海道南部から鹿児島県まで分布しているため、産卵期は地域によって異なり、南部では1〜2月、北部では4〜5月。砂底の川底に埋まる礫の下に巣穴を掘り、その礫の下面に卵を産む。主に小形の動物プランクトンを食う。

スズキ目ハゼ科

ミミズハゼ属は背鰭が1つしかない。神奈川県産

ミミズハゼ *Luciogobius guttatus*
地 イシオコシ、グズ、ジジンコ、ボウズゴリ ／ 漢 蚯蚓鯊

ミミズハゼ属

河口

長 8cm

分 北海道〜沖縄県／朝鮮半島、中国、沿海州

体が細長くドジョウのような体形をしたハゼ。口ひげはなく頭部は扁平で、鱗がなく体表は滑らか。主に汽水域や淡水が流れ込む磯などに生息する。底に沈む礫の下に隠れていることが多く、礫をていねいにひっくり返すと見つかることが多い。本種には互いによく似た複数の種が存在するため、識別は難しい。産卵期は2〜5月で、この時期オスの頭部は左右に張り出す。

スズキ目ハゼ科

地下水中にもすむが、飼育は比較的容易。
和歌山県産

イドミミズハゼの顔。和歌山県産

イドミミズハゼ
Luciogobius pallidus
地 —
漢 井戸蚯蚓鯊

ミミズハゼ属

下流　河口

🐟 7cm

R 準絶滅危惧（NT）

分 佐渡島、静岡県、三重県、和歌山県、山口県、愛媛県、高知県、長崎県、熊本県

体形はミミズハゼ（p.239）に似るが眼は小さく、体色はくすんだ柿色。河口域の砂礫底で、岸から真水が染み出すような場所に生息し、干潮時に完全に干上がる場所でも見られる。主に礫の下に潜り込んで生活し、礫をどけると体をくねらせて近くの礫の隙間に潜る。小形の甲殻類などを食う。

スズキ目ハゼ科

褐色の体と緩慢な動きは、川底の枯れ葉に擬態しているのだろう。沖縄県産

タネハゼ *Callogobius tanegasimae*
地 — ／ 漢 —

オキナワハゼ属

河口

長 8cm

分 三重県以南／フィリピン

吻端から眼を通って後頭部に向かう、濃い褐色縦条がある。また背から体側にかけて鞍状の横帯がある。尾鰭は長い。河口やその周辺の沿岸に生息し、泥底や砂泥底を好む。各鰭が大きい割に体が細いためか、動きは非常に緩慢で、体をゆっくりとくねらせながら底をはうように移動する。巣穴を作るが、川底に沈んだ木の枝の隙間などにも見られる。

スズキ目ハゼ科

砂によく潜るためか、タモ網による採集では網にかかることが少ない。沖縄県産

タネカワハゼ *Stenogobius* sp.
地 — ／ 漢 種子川鯊

タネカワハゼ属

中流 下流

長 10cm

分 種子島以南／インド・西太平洋域

眼の下と体側に黒色横帯があり、標本にするとはっきりとわかるが、生時は不明瞭なことも多い。体側の横帯はオスのほうが明瞭で、背鰭外縁の赤い模様は幅広い。鰭の大きさも雌雄で異なり、オスの第1背鰭はメスに比べて大きく四角い。また尾鰭もオスのほうが大きい。主に河川中流から下流の流れがゆるやかな砂泥底に生息する。危険を感じると砂に潜る習性がある。

顔が大きなハゼという印象が強い。沖縄県産

クロミナミハゼ *Awaous melanocephalus*
地 ― ／ 漢 ―

ミナミハゼ属

中流

- 15cm
- 琉球列島／中国、台湾、西および南太平洋域

吻が長く上唇が厚い特徴的な顔つきをしているハゼの1種。背鰭外縁は赤く縁取られる。主に河川中流域に生息し、やや流れがゆるやかな浅い淵の砂底を好む。警戒心が比較的強く、危険を感じると瞬時に砂に潜る。そのため水中でカメラを向けて近づいても、なかなか思うように撮影できないことが多い。酷似するミナミハゼの第1背鰭には黒色斑がある。

スズキ目ハゼ科

スズキ目ハゼ科

産卵期を控えた春に腹が燈黄色に彩られる。滋賀県産

ウキゴリ *Gymnogobius urotaenia*
地 ウミドーマン、エビグズ、ヤナギッパ ／ 漢 浮鮴

ウキゴリ属

中流　下流　湖沼　小川

- 長 12cm
- 分 北海道、本州、九州／サハリン、朝鮮半島
- 食 夏に捕れる若魚を佃煮などにする

体はぬめりが強く鱗も細かいため、触った感じはアブラハヤ(p.66)に似ている。頭部は縦扁し、下顎が張り出しているため、獰猛な肉食魚のような雰囲気をもつ。河川中流から下流に生息するが、水田の間を流れる細流にも多い。抽水植物が豊富な場所を好み、物陰に隠れている。霞ケ浦や北浦では、初夏に流入河川に若魚が大量に現れる。産卵期は1〜5月。

互いによく似たウキゴリの仲間も、ポイントを覚えれば識別は容易。福井県産

スミウキゴリ *Gymnogobius petschiliensis*
地 ― ／ 漢 墨浮鯊

ウキゴリ属

下流　河口

- 9cm
- Ⓡ 北海道南部・東北地方のスミウキゴリ：絶滅のおそれのある地域個体群(LP)
- ㊁ 北海道〜屋久島／朝鮮半島

ウキゴリに似るが、第1背鰭に黒色斑がないのが本種の特徴。主に河川下流から汽水に生息する。流れのゆるやかな場所を好み、岸近くの抽水植物が生えるやや深みに群れている。産卵期は北海道南部では5〜6月で、ウキゴリやシマウキゴリ(p.246)と重なるが、種間に何らかの生殖隔離が働き交雑はしない。仔魚は海に降りて微細な餌を食べて成長し、再び河川に遡上する。

スズキ目ハゼ科

北海道では、小河川の中流域でよく見られる。北海道産

シマウキゴリ *Gymnogobius opperiens*
地 —／漢 縞浮鮴

ウキゴリ属

中流　下流

長 9cm

分 北海道、茨城県・福井県以北の本州／朝鮮半島

第1背鰭後端に黒斑がある点はウキゴリ（p.244）と同じだが、尾柄後端の暗色横帯がK字状であることが本種の特徴。主に河川中流から下流に生息し、やや流れのある瀬の礫底によく見られる。そのためウキゴリとシマウキゴリが同所的に生息する場合、流れのゆるやかな場所を好むウキゴリと、流れのある瀬を好む本種の間でうまくすみ分けている。

スズキ目ハゼ科

産卵期になると、岸近くの浅瀬によく現れる。滋賀県産

イサザ *Gymnogobius isaza*
地 イサダ ／ 漢 鮊

ウキゴリ属

湖沼

- 長 6cm
- R 絶滅危惧ⅠA類（CR）
- 分 滋賀県琵琶湖
- 食 郷土料理のいさざ豆のほか、佃煮やから揚げなど

ウキゴリ（p.244）に似るが、体は小さく全長8cm以下。尾柄はウキゴリ属の中で特に細長い。琵琶湖の固有種で、昼間は水深30m以深に生息するが、夜間は餌となる動物プランクトンを求めて表層に移動する。産卵期の4～5月には岸近くの水深2～3mでよく見られ、卵を守る親の姿を確認することもある。佃煮などに利用されるが、資源量の増減が著しい。

スズキ目ハゼ科

自然度が高い川の河口でよく見つかる。千葉県産

エドハゼ *Gymnogobius macrognathus*
地 ハラジロ ／ 漢 江戸鯊

ウキゴリ属

河口 内湾

- 長 5cm
- R 絶滅危惧Ⅱ類（VU）
- 分 宮城県〜宮崎県までの太平洋岸、瀬戸内海、福岡県の有明海側、日本海は兵庫県／ピョートル大帝湾、渤海、黄海

体側には背から腹につながる淡い灰色の横帯が入り、成熟したメスの鰓蓋下部は薄い紫色を帯びる。産卵期には、メスの第1背鰭後端に黒色斑が現れる。主に河口域の泥底や砂泥底に生息し、干潮時に干潟が広がるような環境を好む。東京湾に注ぐ千葉県中部の河川では、5月ごろにその姿を頻繁に見かけるが、そのほかの時期にはほとんど捕れない。産卵期は3〜5月。

スズキ目ハゼ科

エドハゼとともに見られることが多い。千葉県産

チクゼンハゼ *Gymnogobius uchidai*
地 ─ ／ 漢 筑前鯊

ウキゴリ属

河口

長 3.5cm

R 絶滅危惧Ⅱ類（VU）

分 北海道〜宮崎県までの太平洋岸、京都府〜鹿児島県までの日本海岸、東シナ海

体側に11個ほどの黒斑が並び、腹部は青味がかる。下顎にはひげ状の突起がある。主に河口域に発達する干潟の泥底に生息し、干潮時に現れるごく浅い澪筋や水たまりによく見られる。エドハゼと混生していることも多い。産卵期は地域によって異なるが、福岡県で1〜3月、宮城県で4〜6月。卵はアナジャコの巣孔内に産みつけ、孵化するまでオスによって守られる。

スズキ目ハゼ科

本州の河川河口では最もよく見られるハゼ。千葉県産

ビリンゴ *Gymnogobius breunigii*
地 カワギス、グズ、ハラジロ ／ 漢 微倫吾

ウキゴリ属

河口

- 5cm
- 北海道、本州、四国、九州／サハリン、朝鮮半島

河口域に生息し、岸寄りのやや流れがゆるやかな砂底や砂泥底を好む。生息に適した場所に群がる傾向が強く、本種が捕れる場所では、網ですくうとひと網に何匹も入ることが多い。中層をよく泳ぎ、小形の水生生物や付着藻類を食う雑食性。産卵期は地域によって異なるが、東京付近では5〜7月。卵はアナジャコの巣孔内に産みつけ、孵化するまでオスによって守られる。

宍道湖以外にも日本海側にいくつかの生息地が知られる。島根県産

シンジコハゼ *Gymnogobius taranetzi*
地 —　／　漢 宍道湖鯊

ウキゴリ属

下流　池　湖沼

長 5cm

R 絶滅危惧Ⅱ類（VU）

分 宍道湖、福井県（島根県宍道湖をはじめ、富山県、石川県、福井県など日本海側の河川や潟湖、ため池に生息する）

ビリンゴに酷似し、同定には頭部感覚器官を観察する必要があるが、生息環境の違いで大まかには識別が可能。宍道湖では海水の影響を受ける中海にビリンゴが多いのに対し、本種は淡水の影響が強い宍道湖と流入する斐伊川（ひいかわ）にすむ。外見だけでなく習性もビリンゴに似ており、中層をよく泳ぐ。産卵期は3〜5月で、オスが泥底に掘った巣穴の中で行われる。

スズキ目ハゼ科

スズキ目ハゼ科

ジュズカケハゼ。
関東・北陸地方以北に分布すると考えられている。
茨城県産

ジュズカケハゼ *Gymnogobius castaneus*
地 —　/　漢 数珠掛鯊

ウキゴリ属

中流　下流　池　湖沼
水路

- 長 5cm
- R 準絶滅危惧(NT)。
- 分 北海道、青森県〜兵庫県の日本海側、青森県〜神奈川県の太平洋側

従来1種と考えられていたジュズカケハゼだが、現在はジュズカケハゼ、ムサシノジュズカケハゼ、コシノハゼ、ホクリクジュズカケハゼの4種に分けられると考えられている。それぞれの種はよく似ているが、ジュズカケハゼでは上顎後端が眼の中央下より前にあり、メスの第1背鰭後部に黒斑がある。産卵期は春で、婚姻色はメスに現れる。その際、メスの体色は黒くなり、体側には黄色横帯が入る。

関東地方の那珂川、利根川、荒川、多摩川だけから知られる。東京都産

ムサシノジュズカケハゼ
Gymnogobius sp.1
地 ― / 漢 武蔵野数珠掛鯊

中流

R 絶滅危惧ⅠB類(EN)
分 関東地方(那珂川、利根川、荒川、多摩川)

メスの第1背鰭後部に黒斑はなく、上顎後端は眼の中央下より後ろに達する。関東地方だけから知られており、河川中流域にすむ。

秋田県、山形県、新潟県だけから知られ、河川中流域やため池にすむ。山形県産

ヨシノハゼ
Gymnogobius nakamurae
地 ― / 漢 吉野鯊

中流 池

R 絶滅危惧ⅠA類(CR)
分 秋田県、山形県、新潟県

メスの第1背鰭後部に黒斑はなく、上顎後端は眼の中央下より後ろに達する。婚姻色が現れたメスに、黄色横帯はない。体形はややずんぐりした印象を受ける。

スズキ目ハゼ科

河口域では比較的よく見られる大形のハゼ。高知県

ウロハゼ *Glossogobius olivaceus*
地 ウログス、オカメハゼ、カワギス、トラハゼ、マルハゼ ／ 漢 洞鯊、虚鯊

ウロハゼ属

河口

長 20cm

分 茨城県、新潟県以南の本州、四国、九州、種子島／中国、台湾

食 刺身や天ぷらで美味

全長20cmに達する大形のハゼで、体も太いためボリューム感がある。眼から下顎にかけて黒色帯があり、背や体側に並ぶ黒色斑がよく目立つ。主に河口域に生息し、泥底や砂泥底を好む。身を隠せる障害物の近くにいることが多く、水中に沈む護岸ブロックの下や捨てられたタイヤの影などに潜んでいる姿がよく見られる。静岡県浜名湖では漁業の対象になっている。

スズキ目ハゼ科

ハゼの仲間でありながら強い毒をもつツムギハゼ。沖縄県産

ツムギハゼ *Yongeichthys criniger*
地 ― ／ 漢 紬鯊

ツムギハゼ属

河口

- 長 7cm
- 分 琉球列島／中国、台湾、西および南太平洋
- 食 毒を有するため食べてはならない

眼が大きく愛嬌のある顔をしたハゼ。眼は赤・緑・金などに染まる。体側中央には3〜4個の大きい暗色斑が並ぶ。ハゼ科でありながら筋肉や皮膚に強い毒（テトロドトキシン＝フグ毒）をもつことが知られ、西表島ではかつて本種を畑にまいて、殺鼠剤として利用していたという。主に河口域に生息し、特にマングローブ林が広がる干潟では、澪筋でその姿がよく見られる。

スズキ目ハゼ科

マハゼは簡単に釣れるので、親子で楽しめる釣りの対象魚。茨城県産

マハゼ *Acanthogobius flavimanus*
地 ハゼ ／ 漢 真鯊

マハゼ属

下流　河口　内湾

- 18cm
- 北海道～種子島／沿海州、朝鮮半島、中国
- 天ぷらや刺身、あらいで賞味。焼きハゼを甘露煮にもする

全長20cmに達する大形のハゼで、体側中央に暗色斑が並ぶ。釣りの対象としての人気が高いことから、ハゼといえば本種をイメージする人も多い。主に汽水域や内湾に生息し、砂泥底を好む。東京湾奥に流入する河川の河口では個体数が非常に多く、初夏には川底を無数の幼魚が埋め尽くす。産卵期は2～5月で、オスは海底に巣穴を掘り、壁に卵を産みつける。

スズキ目ハゼ科

日本に広く分布するアシシロハゼ。茨城県産

アシシロハゼ *Acanthogobius lactipes*
地 ゴマハゼ　／　漢 脚白鯊

マハゼ属

河口　湖沼　内湾

長 9cm

分 北海道、本州、四国、九州／朝鮮半島、中国

食 佃煮の材料として利用

マハゼに酷似するが、本種はやや小形で全長8cmほどにしかならず、顔が小さい。また体側には10〜12本の白色横帯が並び、オスの第1背鰭軟条は糸状に伸びる。主に汽水域や内湾に生息するが、霞ケ浦や北浦など淡水化した湖にも見られる。砂底や砂礫底を好む。小形の甲殻類や藻類を食う雑食性。産卵期は5〜8月で、水底の石の下に卵を産みつける。

スズキ目ハゼ科

インコに似た顔をしたインコハゼ。沖縄県産

インコハゼ *Exyrias puntang*
地 ー ／ 漢 鸚哥鯊

インコハゼ属

河口

- 長 12cm
- 分 沖縄島〜西表島／中国、スリランカ、西および南太平洋域

体はやや側扁し体高が高い。各鰭が大きいため、体長の割に大きく見える。背鰭、臀鰭、尾鰭には赤色や黄色の小さな斑紋が入り、鮮やかな体色をしている。主に河口域に生息し、マングローブ域のシルト状の泥底でよく見られる。自然下では底生の甲殻類を主な餌にしているようだが、飼育下では赤虫（ユスリカ幼虫）や配合飼料など、えり好みせず食う。

スズキ目ハゼ科

河川よりも内湾奥でよく見られる。神奈川県産

ヒメハゼ *Favonigobius gymnauchen*
地 — ／ 漢 姫鯊

ヒメハゼ属

河口　内湾

長 7cm

分 北海道〜西表島／朝鮮半島、中国、西太平洋域

体は細く頭部はやや縦扁する。背や体側にはモザイク状に白斑と暗色斑が入る。背鰭や尾鰭にはあずき色の小斑が並ぶ。主に河口域や、その先の海に広がる干潟に生息する。砂底や砂泥底を好み、本種が生息する水域では比較的高い密度で見られる。ハゼ科魚類は水中で観察していると背鰭を広げる姿がよく見られるが、本種は閉じていることが多い。

スズキ目ハゼ科

広げた第1背鰭は縦に長く、まさに"のぼり"のようだ。沖縄県産

ノボリハゼ *Oligolepis acutipennis*
地 ― ／ 漢 ―

ノボリハゼ属

`河口`

長 7cm

分 南日本以南／中国、台湾、アフリカ東岸、インド・西太平洋域

雌雄ともに第1背鰭が"のぼり"のように広がり、眼の下の黒色帯がよく目立つ。下顎や鰓蓋、胸鰭の付け根に輝青色の模様があり、また体側前部に大きな青い斑紋が現れることもあるため、青味の強いハゼという印象を受ける。主に河口域に生息し、シルト状のやわらかい泥底を好む。特にマングローブ帯やアマモが豊富に生えた藻場で見かけることが多い。

スズキ目ハゼ科

小形のかわいらしいハゼで、「ヒナハゼ」の名がしっくりくる。静岡県産

ヒナハゼ *Redigobius bikolanus*
地 ― ／ 漢 雛鯊

ヒナハゼ属

中流　下流　河口

長 3cm

分 静岡県〜西表島／台湾、セイシェル、西および南太平洋域

小形のハゼで、成長しても全長3cmほどにしかならない。体はやや側扁しずんぐりした体形で、体側には不規則に黒いチェック模様が入る。主に河川下流域や汽水域に生息し、砂底や砂泥底を好む。特に水底に牡蠣殻などが散在している場所に多く、牡蠣殻の隙間をすみかにしているのだろう。八重山諸島では、やや流れのある河川中流域でまとまって捕れることがある。

スズキ目ハゼ科

干潟の水たまりでも本種はよく見つかる。東京都産

アベハゼ *Mugilogobius abei*

地 ドンコ ／ 漢 阿部鯊

アベハゼ属

河口

長 5cm

分 宮城県・福井県以南の本州、四国、九州／朝鮮半島、中国、台湾

頭部が丸みを帯び、また体が小さくずんぐりしているため、かわいらしい印象を受ける。尾鰭には4つの黒色斑があり、中央の2本はほぼ平行に並ぶ。主に汽水域に生息し、泥底を好む。干潮時に水が流れる澪筋よりも、岸近くにできる水たまりのような、よどんだヘドロ臭のする場所で捕れることが多い。このような場所は夏に水温が非常に高くなるが、本種は平気なようだ。

外見だけでなく生息環境もアベハゼに似る。沖縄県産

ナミハゼ *Mugilogobius chulae*
地 ― ／ 漢 ―

アベハゼ属

河口

長 5cm

分 琉球列島／台湾、西太平洋域

アベハゼに似た小形のハゼだが、体側には黒い網目状の模様が入り、さらに不規則な黒色斑が散在する。また第1背鰭の黒斑は明瞭で、その外側は黄色く、棘条は糸状に伸びる。尾鰭付け根にある黒斑は「ハ」の字状に広がる。主に汽水域に生息し、流れのよどんだ泥底を好む。特にマングローブ林が広がる干潟の潮だまりなどで採集できることが多い。

スズキ目ハゼ科

スズキ目ハゼ科

内湾に広がる干潟に多いスジハゼ。静岡県

スジハゼ *Acentrogobius pflaumii*
地 キジドンコ ／ 漢 條鯊

キララハゼ属

河口　内湾

長 10cm

分 北海道〜西表島／沿海州、朝鮮半島、中国

頰に2本の暗色条がある。また体側に4つの黒色斑が並び、その上下に暗色縦条があるが、破線状だったり不明瞭だったりすることも多い。鰓蓋や体側下部には青色点が散在する。泥底や砂泥底を好み、テッポウエビが掘る巣穴に共生する。干潮時の干潟でも、巣穴の入口付近まで水がたまっていれば姿を現すことが多いので、共生の様子を観察しやすい。

ぱっと見は、何かの幼魚かと思うほど小さい。沖縄県産

マングローブゴマハゼ *Pandaka lidwilli*
地 ― ／ 漢 ―

ゴマハゼ属

河口

- 長 1.5cm
- R 絶滅危惧Ⅱ類（VU）
- 分 沖縄島、石垣島、西表島／西部太平洋

非常に小さいハゼで、成魚でも全長1.5cmほどにしかならず、魚を含めた脊椎動物の中でも最も小さい部類に入る。背鰭の黒色斑は細長い平行四辺形。近似種のゴマハゼは背鰭の黒色斑は前下端が欠けた台形、ミツボシゴマハゼは台形で、どちらも先端が青白色斑で縁取られる点で本種と異なる。岸際のマングローブの気根の影などで、群れを作って生活する。

スズキ目ハゼ科

下流域に暮らすが、透明度が高い川で見かけることが多い。静岡県

ゴクラクハゼ *Rhinogobius similis*
地 ゴリ、グズ（混称） ／ 漢 極楽鯊

ヨシノボリ属

下流　河口

8cm

分 茨城県・秋田県以南の本州、四国、九州、琉球列島／朝鮮半島、中国、台湾

頬には迷路のような斑紋が入るが、シマヨシノボリに比べて細かい。またヨシノボリ属の中では頭部が大きい。成魚の体側には青い斑点が散在する。主に河川下流域や汽水域に生息する。岸寄りの流れのゆるやかなよどみに多いが、泥底は好まず砂礫底でよく見られる。小形の水生生物や藻類を食う雑食性。産卵期は7〜10月で、孵化した仔魚は一度海に降りる。

スズキ目ハゼ科

頬の模様が特徴的なシマヨシノボリのオス。福井県産

シマヨシノボリ *Rhinogobius* sp. CB
地 ゴリ、グズ（混称） ／ 漢 縞葦登

ヨシノボリ属

中流

長 7cm

分 青森県～南西諸島／朝鮮半島、台湾

食 佃煮のほか、から揚げやみそ汁、卵とじで賞味される。ヨシノボリ属は、混棲する複数の種が、区別されることなく利用されることが多い

頬に迷路のようなあずき色の模様が入るため、よく似た種が多いヨシノボリ属の中では識別しやすい。頬の模様は本州のものに比べ、沖縄県に生息するもののほうが太い。河川中流域に生息し、比較的個体数が多いこともあり、よく見られるヨシノボリだ。礫底を好み、特に浅い落ち込みの下などに多い。産卵期は5～7月で、メスの腹部は青く染まる。

スズキ目ハゼ科

早瀬の中にいたオオヨシノボリ。高知県

オオヨシノボリ *Rhinogobius fluviatilis*

地 ゴリ、グズ（混称） ／ 漢 大葦登

ヨシノボリ属

上流 中流

長 10cm

分 青森県〜九州

食 佃煮のほか、から揚げやみそ汁、卵とじで賞味される。ヨシノボリ属は、混棲する複数の種が、区別されることなく利用されることが多い

ヨシノボリ属の中では大形種の1つで、オスは全長10cmに達する。胸鰭基部に明瞭な黒色斑があるのが本種の特徴。比較的大きな川の上流から中流に生息し、やや流れのある礫底に見られる。特に頭上が開けた日光が水中によく射し込むような明るい川に多い。水生昆虫や付着藻類を食う雑食性。産卵期は5〜7月。孵化した仔魚はすぐに海に降りる。

スズキ目ハゼ科

平たい体は急流での生活に適しているのだろう。沖縄県産

ヒラヨシノボリ *Rhinogobius* sp. DL
地 イーブー（混称） ／ 漢 平葦登

ヨシノボリ属

上流

長 8cm

分 南西諸島

ヨシノボリ属の中では頭部が特に平たく縦扁する。また体はやや細長い。眼から吻端にかけての赤色条はヨシノボリ属の中で最も太い。オスの体色は青味が強く、産卵期には黒くなる。主に河川上流域に生息し、早瀬の礫底を好む。仔魚は一度海に降りる両側回遊魚だが、成魚は落差40mを超えるような大きな滝の上にも見られる。

スズキ目ハゼ科

山から一気に海まで流れる川で採集したルリヨシノボリ。福井県産

ルリヨシノボリ *Rhinogobius* sp. CO

地 ゴリ、グズ（混称） ／ 漢 瑠璃葦登

ヨシノボリ属

上流 中流

長 10cm

分 北海道～九州／済州島

食 佃煮のほか、から揚げやみそ汁、卵とじで賞味される。ヨシノボリ属は、混棲する複数の種が、区別されることなく利用されることが多い

ヨシノボリ属の中ではオオヨシノボリ（p.268）に並ぶ大形の種で、最大で全長10cmに達する。頬に瑠璃色の斑点が入るのが本種の特徴。また同色の斑点は体側にも散在する。河川上流から中流の比較的流れのある礫底にすみ、特に山地が海に迫るような急峻な地形を流れる小河川に多い。大きな河川では上流まで遡上する傾向がある。小形の水生生物や藻類を食う雑食性。

スズキ目ハゼ科

吻部の赤色条がよく目立つ。和歌山県産

クロヨシノボリ *Rhinogobius brunneus*
地 ゴリ、グズ（混称） ／ 漢 黒葦登

ヨシノボリ属

上流 中流

長 8cm

分 千葉県・新潟県〜南西諸島

食 佃煮のほか、から揚げやみそ汁、卵とじで賞味される。ヨシノボリ属は、混棲する複数の種が、区別されることなく利用されることが多い

ヨシノボリ属の中で特に体色の黒味が強いため、この名がついた。眼から吻端（ふん・たん）にかけての赤色条はヒラヨシノボリ（p.269）に次いで太く、鮮やかな赤色をしているため目をひく。主に河川中流から下流に生息し、川幅が比較的狭い小河川に多い。流れのゆるやかな水域を好み、雑木林や森の中で、木々に日光をさえぎられた涼しげな場所を流れる川や細流でよく見られる。

スズキ目ハゼ科

父島山中の細い流れにいたオガサワラヨシノボリ。東京都小笠原村

オガサワラヨシノボリ *Rhinogobius* sp.BI
地／漢 小笠原葦登

ヨシノボリ属

上流 中流

- 8cm
- 絶滅危惧ⅠB類（EN）
- 小笠原諸島

小笠原諸島にのみ分布する固有種。クロヨシノボリ（p.271）に似るが、オスの体色はやや青味がかる。外見から両種を識別するのは難しいが、分布は画然と離れている。島を流れる小規模河川に生息し、特に森の中をゆるやかに流れる細流の砂礫底に多い。父島、母島、兄島では多くの河川で本種が確認されているが、多数生息するのは父島の1水系のみ。

スズキ目ハゼ科

いろいろなヨシノボリの特徴を併せもつアヤヨシノボリ。沖縄県産

アヤヨシノボリ *Rhinogobius* sp. MO
地 イーブー（混称） ／ 漢

ヨシノボリ属

中流

⻑ 6cm

分 奄美大島〜沖縄島

頬に鮮やかな水色の小斑紋が密在する。この点でルリヨシノボリ（p.270）に似るが、ルリヨシノボリの分布は九州以北で、奄美大島から沖縄島にかけて分布するアヤヨシノボリとは重ならない。主に河川中流域に生息し、岸近くの流れのゆるやかな礫底を好む。比較的日当たりの良い開けた水域を好み、同じ河川でもうっそうとした森の中の流れにはあまり見られない。

スズキ目ハゼ科

全国の湖沼に生息する、最もよく見られるヨシノボリ。滋賀県産

トウヨシノボリ *Rhinogobius* sp. OR
地 ゴリ、グズ（混称） ／ 漢 燈葦登

ヨシノボリ属

中流　下流　池
湖沼　小川

- 長 7cm
- 分 北海道〜九州
- 佃煮のほか、から揚げやみそ汁、卵とじで賞味される。ヨシノボリ属は、混棲する複数の種が、区別されることなく利用されることが多い

オスはふつう尾鰭の基部に鮮やかな橙色斑をもつが、分布が広く地域によって色彩に違いが見られ、橙色斑がないものもいる。河川中流から下流、湖沼に生息し、速い流れの中から止水域まで見られる。ヨシノボリ属の多くの種と同じく、本種も孵化後、一度海に降りて稚魚期を過ごしていると考えられているが、海とは直接のつながりがないため池などでも繁殖している。

アオバラヨシノボリの分布は極端に狭い。沖縄県産

アオバラヨシノボリ *Rhinogobius* sp. BB
地 イーブー（混称） ／ 漢 青腹葦登

ヨシノボリ属

上流

長 6cm

R 絶滅危惧ⅠA類（CR）

分 沖縄島

小形のヨシノボリで全長6cmほどに成長するが、水中で観察しているとそれよりやや小形の4cm程度のものが多い。オスの背鰭や尾鰭は黄色く縁取られ、また成熟したメスの腹は青く染まる。本種は沖縄島北部にだけ生息する固有種で、森の中をゆるやかに流れる浅い川に多い。卵はキバラヨシノボリ（p.276）と同じく0.5mm。孵化仔魚は海に降りず、淵などで成長する。

スズキ目ハゼ科

昼なお暗い森の中の流れにいたキバラヨシノボリ。沖縄県

キバラヨシノボリ *Rhinogobius* sp. YB
地 イーブー（混称） ／ 漢 黄腹葦登

ヨシノボリ属

上流

長 7cm

R 絶滅危惧ⅠB類(EN)

分 奄美諸島、沖縄島、八重山諸島

クロヨシノボリ（p.271）に似るが、本種のメスの腹部の黄色はより鮮やか。河川上流域に生息し、特にうっそうとした森の中の流れのゆるやかな場所を好み、プール状の水域に多い。本種は孵化仔魚が海に降りない河川陸封型で、よく似た両側回遊型のクロヨシノボリの卵の直径が0.2mmであるのに対し、0.5mmと卵の大きさが異なる。琉球列島だけから知られる。

スズキ目ハゼ科

トウカイヨシノボリの名は2005年に新和名として提唱された。愛知県産

トウカイヨシノボリ *Rhinogobius* sp.TO
地 —　/　漢 東海葦登

ヨシノボリ属

池　水路

- 長 4cm
- R 準絶滅危惧（NT）
- 分 愛知県、岐阜県

ヨシノボリ属の中では小形で、全長4cmほど。ややずんぐりした体形で、灰色がかった色彩をしており、婚姻色が現れたオスはさらに黒味が強くなる。またオスの喉は橙色になる。第1背鰭は伸長しない。主に農業用水路やため池など、流れのゆるやかな場所に生息し、泥底や砂泥底に多い。分布は非常に狭く、愛知県と岐阜県の東海地方だけから知られる。

277

スズキ目ハゼ科

本種の卵は仔魚が海に降りるヨシノボリに比べて大きい。三重県

カワヨシノボリ *Rhinogobius flumineus*
地 ゴリ、グズ（混称） ／ 漢 川葦登

ヨシノボリ属

上流 中流

- 6cm
- 富山県・静岡県以西の本州、四国、九州北部、対馬、五島列島福江島
- 佃煮のほか、から揚げやみそ汁、卵とじで賞味される。ヨシノボリ属は、混棲する複数の種が、区別されることなく利用されることが多い

胸鰭条数が15〜17とヨシノボリ属の多くの種（胸鰭条数18〜22）と重ならない。また胸鰭条数が重なるアオバラヨシノボリ（p.275）とは分布が異なるので、同定は比較的容易だろう。主に河川上流から中流に生息し、比較的流れの速い礫底に多く見られる。産卵期は6〜8月で、孵化仔魚はすぐに底生生活に入る。小形の水生生物や藻類を食う雑食性。

スズキ目ハゼ科

清流の岩陰から姿を現したナガノゴリ。沖縄県

ナガノゴリ *Tridentiger kuroiwae*
地 ― ／ 漢 ―

チチブ属

中流

長 10cm

分 南西諸島

体側中央には黒褐色の縦条が入り、特に体側後半部で明瞭になる。また全身に黄褐色の斑紋が散在し、頬に明るい水色斑点が密在する。主に河川中流域に生息し、その中でもやや流れのゆるやかな礫底を好む。直径30cmを超えるような岩が転がるような場所では、岩の隙間から時折姿を現すが、危険を感じるとすぐに身を隠す。小形の水生生物や藻類を食う雑食性。

スズキ目ハゼ科

駿河湾奥の浅瀬で見つけたアカオビシマハゼ。静岡県

アカオビシマハゼ *Tridentiger trigonocephalus*
地 トラハゼ ／ 漢 赤帯縞鯊

チチブ属

河口　内湾

長 8cm

分 北海道〜九州／朝鮮半島、中国、香港

背と体側に2本の黒色縦帯があり、特徴的な模様をもつ。しかし体色を変化させることも多く、全身が黒ずむと黒色縦帯は目立たなくなる。臀鰭には2本の赤色縦帯があり、これが本種の和名の由来となっている。頬や鰓蓋(さいがい)には白点が散在する。河口にもすむが海水を好むため内湾に多く、タイドプールにも現れる。砂泥底から小礫、岩礁などさまざまな底質に見られる。

スズキ目ハゼ科

頬や鰓蓋の白点はアカオビシマハゼに比べてより細かい。神奈川県産

シモフリシマハゼ *Tidentiger bifasciatus*
地 トラハゼ ／ 漢 霜降縞鯊

チチブ属

河口

食 8cm

分 北海道〜九州／沿海州、朝鮮半島、中国、台湾

アカオビシマハゼに似るが、本種の臀鰭には赤色縦帯はない。また頭部の白点は頬や鰓蓋だけでなく下面にも密在する。アカオビシマハゼに比べてやや塩分濃度の低い水域を好み、汽水域に多い。特に牡蠣殻や転石が散在するような場所によく見られる。ゴカイを餌にしてマハゼを狙うと本種がよく釣れるが、小形の水生生物のほかに藻類もよく食う。

スズキ目ハゼ科

頬の水色の斑紋が鮮やかなヌマチチブ。静岡県

ヌマチチブ *Tridentiger brevispinis*

地 ゴリ、ゴロ（混称） ／ 漢 沼知々武

チチブ属

中流 下流 湖沼

- 8cm
- 北海道～九州／朝鮮半島、中国
- 主に佃煮に利用されるが、卵とじや天ぷらでも賞味

頬には白色、または水色の小斑点が散在する。成熟したオスの第1背鰭軟条は糸状に伸び、この点で雌雄を識別できる。河川中流から下流、湖沼のほか、海水の影響を受ける汽水域にも生息する。砂泥底や礫底にすみ、隠れ家となる石の周囲で生活する。流れのゆるやかな場所を好み、河川中流域では岸寄りのよどみなどに多い。小形の水生生物や藻類を食う雑食性。

●スズキ目ハゼ科

釣り人の間ではダボハゼの名で呼ばれる。神奈川県産

チチブ *Tridentiger obscurus*
地 ゴリ、ゴロ（混称）、ダボハゼ ／ 漢 知々武

チチブ属

下流　河口

長 8cm

分 青森県～九州／沿海州、朝鮮半島

食 主に佃煮に利用されるが、卵とじや天ぷらでも賞味

ヌマチチブに酷似するが、頬の水色斑点がより密に入る。ただし両種の識別は非常に難しく、特に幼魚では困難。主に河口域に生息し、ヌマチチブよりも海水の影響を受ける水域に多い。砂泥底を好み、特に岸寄りの隠れ家となる捨て石などがある場所によく見られる。水底に沈む空き缶をすみかとし、その中に潜んでいる姿もよく見かける。産卵期は5～9月。

スズキ目ハゼ科

体側の黒色縦条がよく目立つサツキハゼ。高知県

サツキハゼ *Parioglossus dotui*
地 ― ／ 漢 五月鯊

サツキハゼ属

`河口` `内湾`

長 4cm

分 石川県・千葉県〜八重山諸島

体側中央に暗色縦条があり、尾鰭の付け根にくさび形の黒色斑がある。主に内湾や汽水域に生息し、特に河口に多い。大きな岩盤がそのまま川に沈み込む場所や漁港の中など、水深が深く流れがあまりない場所を好む。表層から中層で生活し、数十尾の群れで泳ぐ姿がよく見られる。危険を感じると岩に付着する牡蠣殻などの中に逃げ込む。主に動物プランクトンを食う。

スズキ目クロホシマンジュウダイ科

沖縄県以南に多いが、高知県の河川にも成魚が現れる。アクアマリンふくしま

クロホシマンジュウダイ *Scatophagus argus*
地 — ／ 漢 黒星饅頭鯛

クロホシマンジュウダイ属

下流　河口

長 35cm

分 和歌山県以南／〜インド・太平洋

幼魚のうちは背の一部が赤く彩られるが、成長に伴い消失する。体側には成魚、幼魚ともに黒斑が散在する。主に汽水域に生息するが、幼魚は積極的に淡水域にも進入する。幼魚や若魚は水中に垂れ下がるアダンの葉の影などの周囲で見られることが多い。「スキャットファーガス」の名で観賞魚としても流通しており、淡水よりも塩分のある水で飼育すると調子がいい。

スズキ目アイゴ科

河川で見られるのは数cmの幼魚が多い。写真は成魚。アクアマリンふくしま

ゴマアイゴ *Siganus guttatus*
地 — ／ 漢 胡麻藍子

アイゴ属

河口　内湾

- 35cm
- 沖縄県以南／〜東インド・西太平洋域
- 刺身などで美味

体側にあずき色の斑紋が密在するほか、背鰭後端下の体側に鮮やかな黄色の斑紋がある。背鰭や臀鰭、腹鰭には毒腺のあるトゲがあるので、素手で触れる際には注意が必要。幼魚は河口域に生息し、小河川では淡水域のやや流れのある場所でも見られるが、ふつうは干潮域の上部までしか遡上しないようだ。成魚は内湾やサンゴ礁域に生息する。産卵期は4〜10月。

スズキ目カマス科

黒色縦帯が現れた幼魚。静岡県

外洋に面した海域を泳ぐ成魚。
1mを優に超えていた。東京都小笠原

オニカマス
Sphyraena barracuda
地 チチルカマサー、ドクカマス
漢 鬼魳

カマス属

河口　内湾

長 150cm

分 南日本以南／東太平洋を除く世界の熱帯域

⚠ シガテラ毒を有する場合があるので、市場には流通しない

大形のカマスの仲間で、成魚は沿岸の浅所に生息する。幼魚や若魚は河口域や内湾に現われることも多い。南日本では、夏から秋にかけて漁港にも現れ、水面に浮く枯れ草や木の棒の影に潜む姿が見られる。頭をやや上に向けて静止していることが多く、浮遊物に擬態（ぎたい）しているようだ。主に小魚などを食う。

スズキ目ゴクラクギョ科

観賞魚としての人気も高いタイワンキンギョ。沖縄県産

タイワンキンギョ *Macropodus opercularis*
地 トウイユ、フシンギョ ／ 漢 台湾金魚

ゴクラクギョ属

池　水路

長 7cm

R 絶滅危惧ⅠA類（CR）

分 沖縄県／中国南部、台湾、ベトナム、ラオス

体側に青緑色の横帯が並び、鰓蓋によく目立つ濃青色の斑紋がある。尾鰭後縁は湾入する。主にため池や用水路など流れのない場所にすんでいる。特にマツモのような水草に水面が厚く覆われているような環境を好み、すぐ隣のため池でも水草が生えていない環境では生息していない。観賞魚店では、養殖個体が「パラダイスフィッシュ」の名で販売されている。

かつては国内各地で大繁殖したが、現在は一部地域だけに生息。茨城県産

チョウセンブナ *Macropodus chinensis*
地 ジシンブナ ／ 漢 朝鮮鮒

ゴクラクギョ属

池 水路

長 7cm

外 国外外来種

分 茨城県、長野県、岡山県／原産地は長江以北の中国、朝鮮半島

体は褐色で鰓蓋（さいがい）に濃青色の斑紋がある。平野部の流れのない水路やため池などに生息する。茨城県では2005年ごろから生息が確認されているが、人目につく場所であることから、最近移殖されたものだろう。産卵期は6～7月で、オスは各鰭が伸張し、婚姻色によって鮮やかな青色に彩られる。オス同士で激しくなわばり争いをするため、「トウギョ（闘魚）」の異名をもつ。

スズキ目ゴクラクギョ科

スズキ目タイワンドジョウ科

口の中には鋭い歯が並び、顎の力も強いため噛まれると危険。茨城県産

カムルチー *Channa argus*
地 ライギョ、ライヒー(混称)、カモチン ／ 漢 —

タイワンドジョウ属

下流　池　湖沼　水路

- 長 80cm
- 外 要注意外来生物
- 分 北海道、本州、四国、九州／原産地はアムール川から長江までの中国、朝鮮半島
- 食 顎口虫が寄生していることがあるので生食は危険

顔の形や体の模様がヘビに似た魚で、稀に全長1mを超える大形魚。主に流れのゆるやかな河川やため池、クリーク(水路)などに生息する。特にヒシのような水草が、水面をびっしりと覆い尽くすような場所を好む。小魚やカエルを食う肉食性。産卵期は6〜7月ごろで、水面を覆う水草をよけて巣を作り、その中に浮遊性の卵を産む。雌雄ともに卵と稚魚を保護する。

スズキ目タイワンドジョウ科

近畿地方を中心に分布するタイワンドジョウ。兵庫県産

タイワンドジョウ *Channa maculata*
地 ライギョ、ライヒー（混称） ／ 漢 台湾泥鰌

タイワンドジョウ属

下流　池　水路

- 長 60cm
- 外 要注意外来生物
- 分 和歌山県、兵庫県、沖縄県（石垣島）／原産地は中国南部、台湾、海南島、ベトナム、フィリピン
- 食 顎口虫が寄生していることがあるので生食は危険

カムルチーに酷似するが、背や体側の暗色斑が細かい。また最大でも全長60cmほどにしかならず、カムルチーに比べて小形。タイワンドジョウの背鰭軟条数は40～44、臀鰭軟条数は26～29で、カムルチーの背鰭軟条数45～54、臀鰭軟条数31～35に比べて少ないことも識別の重要なポイント。河川やため池などの水草が豊富な場所にすむ。食性はカムルチーとほぼ同じ。

スズキ目タイワンドジョウ科

近年沖縄島で定着が確認されているコウタイ。輸入個体

コウタイ *Channna asiatica*
地 — ／漢 —

タイワンドジョウ属

中流　池　湖沼

- 長 30cm
- 外 要注意外来生物
- 分 沖縄県（沖縄島、石垣島）／原産地は長江以南の中国、台湾、海南島、ベトナム北部

タイワンドジョウ科の中では小形の種で、全長30cmほどにしかならない。腹鰭がない点でカムルチー（p.290）やタイワンドジョウ（p.291）と識別できる。国内では沖縄島と石垣島にのみ分布する。沖縄島では北部のダム湖とその流入河川に生息するが、石垣島では近年確実な記録はない。本種は山間部の流れのある場所を好むという。主に小魚や小形の甲殻類を食う肉食性。

セキショウモが生える清流で見つけたヌマガレイ。山形県

ヌマガレイ *Platichthys stellatus*
地 カワガレイ、タカノハガレイ、ツキリガレイ ／ 漢 沼鰈

ヌマガレイ属

中流 下流 河口

- 40cm
- 島根県、東京湾以北の本州、北海道／朝鮮半島東岸からオホーツク海、ベーリング海を経て南カリフォルニア沿岸
- 煮つけやから揚げなど

腹鰭を手前に向けて置くと、頭部は左側にくる。この点は多くのカレイ科と異なり、ヒラメ科と同じ向きである。背鰭および臀鰭に一定の間隔をおいて黒色斑が入り、特に無眼側ではよく目立つ。主に河口域にすんでいるが、淡水域でもその姿を見ることができる。カレイは海の魚のイメージが強いので、セキショウモのような水草が生える清流にいるのは不思議な感じがする。

カレイ目カレイ科

カレイ目カレイ科

砂底に擬態するイシガレイ。静岡県

イシガレイ *Kareius bicoloratus*
地 イシモチガレイ、カレイ ／ 漢 石鰈

イシガレイ属

河口

- 長 50cm
- 分 北海道〜九州／千島列島、サハリン、朝鮮半島、黄海沿岸
- 食 刺身やあらいのほか、煮つけなど。大型のカレイなので"えんがわ"もとれる

側線上部に数個の石のような突起が並び、これがイシガレイの名前の由来になっている。沿岸域で生活するが、幼魚の間は河口域にもよく入る。ゴカイのような水中の生物を好んで食う。東京湾奥部では初夏になると本種の幼魚が河口域で目立つようになり、マハゼ（p.256）の若魚に交じってよく釣れるようになる。産卵期は12〜3月で、沿岸浅所（ふつう30m以浅）で行われる。

フグ目フグ科

八重山諸島の川ではよく見られるフグ。アクアマリンふくしま

オキナワフグ *Chelonodon patoca*
地 ― ／漢 沖縄河豚

オキナワフグ属

河口

- 長 20cm
- 分 奄美諸島以南／インド・西太平洋域
- 食 毒性は不明だが、フグである以上素人判断で食べてはならない

背には3本の暗色横帯がまたがり、頭部にも1本の細い暗色横帯がある。また背から体側にかけて白色斑が密に入り、胸鰭の下は黄色く彩られる。幼魚は特に頭部が大きく、コロコロした雰囲気をもつ。主に河口域に生息し、幼魚は干潟のマングローブの根の影などに群れて生活するため、網を入れるとまとまって捕れることが多い。成魚はやや水深がある場所で見られる。

フグ目フグ科

浅瀬を泳ぐクサフグ。静岡県

クサフグ *Takifugu niphobles*
地 スナフグ ／ 漢 草河豚

トラフグ属

河口

- 15cm
- R 沖縄島のクサフグ：絶滅のおそれのある地域個体群（LP）
- 分 青森県〜沖縄県／朝鮮半島南部、中国南部
- 食 から揚げなどにするが、卵巣、肝臓、腸、皮膚に強い毒がある。ふぐ処理師免許を持たないものが調理するべきではない

暗緑色の背に白点が密在し、胸鰭の後ろによく目立つ黒色斑がある。体側中央から腹は白い。主に内湾の砂底や磯の藻場などに生息するが、河口に入るものも多く、時折大きな群れを見かける。砂底域では砂に潜って、眼だけを出して周囲をうかがう姿もよく観察される。産卵期は5月中旬〜7月下旬で、大潮から中潮の日に波打ち際で行わ

●フグ目フグ科

たくさんのクサフグが押し寄せ、陸地に乗り上げて産卵する光景は圧巻。千葉県

れる。房総半島では午後7時ごろに満潮を迎える中潮の日に特にたくさんのクサフグが現れ、産卵の規模が大きくなる。産卵場所は毎年同じで、山からわずかに水が染み出す場所が選ばれる。

乾燥に強いクサフグの卵。
千葉県

フグ目フグ科

写真は成魚で、ふつう内湾に生息する。アクアマリンふくしま

スジモヨウフグ *Arothron manilensis*
地 — ／ 漢 條模様河豚

モヨウフグ属

河口　内湾

長 30cm

分 琉球列島以南／〜西太平洋域

食 毒性は不明だが、フグである以上素人判断で食べてはならない

全身に暗色縦条があり、この特徴は幼魚のうちから顕著。また胸鰭の付け根の周囲は黒く彩られる。独特な模様をもつため、フグの仲間の中でも本種の識別は容易。主に内湾に生息するが、幼魚は河口域にも現れる。流れのゆるやかな場所を好み、身をよせる障害物の周辺などに見られる。ふつう単独で生活する。

サンゴ礁で見つけたサザナミフグの若魚。サイパン

サザナミフグ *Arothron hispidus*
地 ― ／ 漢 小波河豚、漣河豚

モヨウフグ属

河口

- 45cm
- 房総半島以南／〜インド・太平洋
- 毒性は不明だが、フグである以上素人判断で食べてはならない

頭や背、体側に白点が散在し、胸鰭の周囲には"さざ波"を連想させる白線が並ぶ。主にサンゴ礁に生息するが、幼魚のうちは汽水域に入るものもいる。習性はスジモヨウフグに似て、ふつう単独で生活する。身を隠せる岩や海藻の周辺で、尾鰭を体側につけるように丸まって休んでいる姿をよく見かける。雑食性で貝やウニのほか、エビやカニ、海藻など、さまざまなものを食う。

■淡水魚の保護対策

　淡水魚を取り巻く環境は、河川の護岸整備や湿地の埋め立て、外来種の増加などで年々悪化しています。そのため著しく個体数が減少し、危機的な状況に置かれている種も少なくありません。そのため希少淡水魚を「種の保存法」や「希少野生動植物保護条例」「文化財保護法（天然記念物）」で保護しています。これらに指定された種は、許可なく採集することはできません。

希少野生動植物保護条例

●県条例

福島県	ゼニタナゴ
埼玉県	ムサシトミヨ
長野県	シナイモツゴ
石川県	トミヨ
愛知県	ウシモツゴ
岐阜県	ウシモツゴ、ハリヨ
三重県	ウシモツゴ、カワバタモロコ
滋賀県	イチモンジタナゴ、ハリヨ
奈良県	ニッポンバラタナゴ
鳥取県	ミナミアカヒレタビラ
広島県	スイゲンゼニタナゴ
徳島県	オヤニラミ、スナヤツメ
香川県	カワバタモロコ、オヤニラミ
高知県	ヒナイシドジョウ、イドミミズハゼ、トビハゼ、シマドジョウ2倍体性種
宮崎県	アカメ
鹿児島県	リュウキュウアユ、タナゴモドキ、タメトモハゼ、キバラヨシノボリ

●市、町の条例

岐阜県安八郡輪之内町	カワバタモロコ
静岡県掛川市	ホトケドジョウ
長崎県佐世保市	ニッポンバラタナゴ
長崎県佐世保市、西海市	トビハゼ、イドミミズハゼ、チクゼンハゼ

種の保存法（絶滅のおそれのある野生動植物の種の保存に関する法律）

ミヤコタナゴ
イタセンパラ
スイゲンゼニタナゴ
アユモドキ

天然記念物

●国指定天然記念物

ミヤコタナゴ	
イタセンパラ	
アユモドキ	
ネコギギ	
北海道釧路市	春採湖ヒブナ生息地
宮城県加美町	魚取沼テツギョ生息地
宮城県登米市津山町	横山のウグイ生息地
福島県いわき市	賢沼ウナギ生息地
福島県柳津町	柳津ウグイ生息地
福井県大野市	本願清水イトヨ生息地
福井県九頭竜川	アラレガコ（カマキリ）生息地
岐阜県郡上市	粥川ウナギ生息地
和歌山県白浜町、上富田町、田辺市	オオウナギ生息地
徳島県海陽町	母川のオオウナギ生息地
長崎県長崎市野母崎町樺島	オオウナギ生息地

●県、市、町の天然記念物

北海道厚岸町	厚岸床潭沼のヒブナ生息地
北海道	然別湖のオショロコマ生息地
青森県青森市	又八沼のシナイモツゴ
山形県	天童市高木地区および東根市羽入地区のイバラトミヨ生息地
山形県尾花沢市	若畑沼鉄魚生息地
岩手県	花巻矢沢地区のゼニタナゴ
宮城県大崎市	シナイモツゴ
福島県会津坂下町	イトヨ
福島県	白山沼イトヨ生息地
群馬県藤岡市	ヤリタナゴ、ホトケドジョウ
埼玉県	ムサシトミヨ
千葉県館山市	オオウナギ
愛知県豊田市	ウシモツゴ、カワバタモロコ
愛知県西尾市	ウシモツゴ、カワバタモロコ
愛知県津島市	津島の透明鱗のギンブナ
岐阜県大垣市	曽根町のハリヨ
岐阜県大垣市	矢道町のハリヨ
岐阜県	大垣市西之川町のハリヨ
三重県いなべ市	無斑型（イワメ）を含むアマゴ個体群
奈良県	弓手原川のイワナ生息地（キリクチ）
奈良県	弥山川のイワナ生息地（キリクチ）
広島県	庄原市西城町のゴギ
福岡県田主丸町	ヒナモロコ
大分県	メンノツラ谷のイワメ
鹿児島県指宿市	池田湖オオウナギ群生地

※文化財保護法や希少野生動植物保護条例などによる保護のほかに、漁業法により釣りの対象魚などに禁漁区、禁漁期が設定されていることがあります。また地域住民による希少淡水魚の保護増殖が行われていることもあるので、採集には十分な配慮が必要です。

■和名索引

※標準和名は太字、地方名・別名は細字。

■和名索引

あ

アイ	128	**アブラボテ**	038
アイカケ	181, 182	アブラムツ	066
アイソ	072	アブラメ	066, 080
アイハダ	095	アブラモロコ	066
アオ	025	アブラヤナギ	075
アオウオ	065	**アベハゼ**	262
アオギス	208	アマギ	204
アオバラヨシノボリ	275	**アマゴ**	156
アオマス	150	アマサギ	127, 131
アカウオ	072	**アマミイシモチ**	197
アカオビシマハゼ	280	アメゴ	156
アカギギ	114	アメノウオ	153
アカザ	122	**アメマス**	135
アカハラ	072	アメリカナマズ	124
アカヒレタビラ	045	アモズ	095
アカブナ	033	**アヤヨシノボリ**	273
アカボウズハゼ	234	**アユ**	128
アカメ	186	アユカケ	182
アカメ	079, 168	**アユモドキ**	095
アカンチョ	037	アラメ	088
アキアジ	144	アラレガコ	182
アサガラ	084	**アリアケギバチ**	117
アシシロハゼ	257	**アリアケスジシマドジョウ**	107
アジメ	098	イイサン	083
アジメドジョウ	098	イーブー	269, 273, 275, 276
アナゴ	225	イオ	032
アブラザコ	066	**イサザ**	247
アブラセンパ	038	イサザ	238
アブラタナゴ	038	イサダ	247
アブラドンコ	225	イシオコシ	239
アブラハヤ	066	**イシガレイ**	294
アブラヒガイ	078	イシツツキ	080
		イシドジョウ	099

イシドンコ	221	ウシマルタ	069
イシハゼ	236	**ウシモツゴ**	076
イシモチガレイ	294	ウシモロコ	076
イシモロコ	074	ウツセミカジカ	183
イス	072	ウバエツ	027
イズミダイ	213	ウマウオ	057
イセゴイ	024	ウミドーマン	244
イダ	072, 089	ウミドジョウ	095
イタセンパラ	040	ウヨメウワズ	058
イタマス	154	ウログス	254
イチモンジタナゴ	043	**ウロハゼ**	254
イト	132	エゾイワナ	135
イトウ	132	**エゾウグイ**	071
イトヒキサギ	203	エゾトミヨ	162
イドミミズハゼ	240	エゾハナカジカ	185
イトモロコ	091	エゾホトケドジョウ	113
イナ	167	エツ	027
イノハ	200	**エドハゼ**	248
イバラトミヨ	163	エノハ	154, 156
イモナ	137	エビグズ	244
イユクエー	024	エンドス	083
イロセンパラ	043	**オイカワ**	061
イワコツキ	080	**オオウナギ**	026
イワトコナマズ	119	オオガイ	069, 072
イワナ	133	**オオガタスジシマドジョウ**	109
インコハゼ	258	**オオキンブナ**	035
ウキ	067	**オオクチバス**	194
ウキカマツカ	090	**オオクチユゴイ**	216
ウキガモ	090	オオゲエ	072
ウキゴリ	244	**オオシマドジョウ**	101
ウグイ	072	オオスケ	151
ウグイ	071	**オオタナゴ**	049
ウケクチウグイ	070	オオナマズ	120

305

■和名索引

オオヨシノボリ	268
オガサワラヨシノボリ	272
オカメタナゴ	041, 050
オカメドジョウ	111
オカメハゼ	254
オキナワフグ	295
オクマボテ	039
オコゼ	183
オショロコマ	133
オナギ	025
オニカマス	287
オニボラ	169
オビラメ	132
オヘライベ	132
オボコ	167
オヤニラミ	188
か	
カーウナージャー	026
カーサー	209
カースビ	202
カイズ	206
カエルハゼ	233
カキバヤ	081
カギヤツメ	023
ガクブツ	182
カジカ	183
カシマタナゴ	041
カズカ	183
カゼトゲタナゴ	052
カタハゼ	230
カダヤシ	171
カッチャハゼ	230
カッチャムツ	232
カナムツ	232
カニクイ	026
カニクライ	025
カネヒラ	039
カバチ	116
カパチェッポ	148
カマギシ	084
カマキリ	182
カマスカ	084
カマツカ	084
ガマン	115
カムルチー	290
カメンタイ	037
カモスカ	084
カモチン	290
ガラッパヤ	061
カラドジョウ	097
カラフトイワナ	133
カラフトマス	150
カレイ	294
カワアナゴ	225
カワガレイ	293
カワギス	250, 254
カワゴイ	088, 089
カワサバ	160
カワスズギ	215
カワスズメ	212
カワタナゴ	037
カワチブナ	030
カワバタモロコ	058
カワヒガイ	079
カワヘビ	159

カワマス	139	ギンガメアジ	198
カワマス	154, 156	キンカンモロコ	058
カワツ	062	キンタロウ	34
カワメバル	188	ギンギ	114
カワヤツメ	023	ギンギョ	116
カワヨウジ	165	キングサーモン	151
カワヨシノボリ	278	ギンケ	154
カンキョウカジカ	184	**ギンザケ**	152
ガンゾ	032	キンジャコ	058
カンパチ	115	キンタ	058
ギギ	114	**キンブナ**	034
ギギュ	117	**ギンブナ**	031
ギギュウ	114, 116	ギンマス	152
ギギョオ	114	クキ	072
キザキマス	156	**クサフグ**	296
キジドンコ	264	グズ	239, 250, 266, 267, 268, 270, 271, 274, 278
キス	179		
キタノアカヒレタビラ	046	クチボソ	025, 074
キタノカジカ	184	**グッピー**	172
キタノトミヨ	163	クルメサヨリ	179
キタノメダカ	174	クロゴチ	180
キチヌ	207	**クロサギ**	204
キチン	207	**クロダイ**	206
キツネモロコ	087	**クロホシマンジュウダイ**	285
ギナ	020	**クロミナミハゼ**	243
ギバチ	116	**クロヨシノボリ**	271
キバラヨシノボリ	276	ケタバス	060
キビレ	207	ケンカモロコ	076
ギャフ	238	**ゲンゴロウブナ**	030
ギュウギュウ	200	コアユ	128
キュウリ	126	**コイ**	028
キュウリウオ	126	**コウタイ**	292
ギラ	161, 200	**コウライニゴイ**	089

■和名索引

コウライモロコ	094
コーホーサーモン	152
ゴギ	138
コクチバス	196
ゴクラクハゼ	266
コクレン	056
コチ	180
コトヒキ	214
ゴマアイゴ	286
ゴマウナギ	026
ゴマドジョウ	098
ゴマナマズ	119
ゴマハゼ	257
ゴマフエダイ	202
コモチサヨリ	178
ゴリ	183, 266, 267, 268, 270, 271, 274, 278, 282, 283
コレゴヌス	158
ゴロ	282, 283
ゴンボウスゴシ	093

さ

サイ	088
サイカチ	127
サギ	127
サクラバエ	079
サクラマス	154
サケ	144
サザナミフグ	299
サソリ	122
サツキハゼ	284
サツキマス	156
サヨリ	179
サンインコガタスジシマドジョウ	106
サンネンシュブタ	039
サンヨウコガタスジシマドジョウ	104
シシャモ	125
ジジンコ	239
ジシンブナ	289
シナイモツゴ	075
シナノユキマス	158
ジブナ	031
シベリアヤツメ	022
シマイサキ	215
シマウキゴリ	246
シマヨシノボリ	267
シミズドジョウ	111
シモフリシマハゼ	281
ジャウナギ	026
シャケ	144
ジャッコ	072
ジャノメハゼ	223
ジュズカケハゼ	252
ショウハチ	061
ジョンピー	036
シラウオ	131
シラウオ	238
シラサギ	127
シラス	131
シラハエ	061, 091
シラメ	156
シルウフミー	197
ジルティラピア	211
シルバーサーモン	152
シロウオ	238
シロザケ	144

シロヒレタビラ	044	ゼゼラ	083		
ジンケン	061	セッパリマス	150		
シンジコハゼ	251	ゼニタナゴ	041		
ジンナラ	214	セボシタビラ	048		
スイゲンゼニタナゴ	053	センパ	040		
スイツキ	236	センパラ	040		
スクチ	168	ソウギョ	064		
スケ	151	ソコバエ	091		
スゴモロコ	093	ソメグリ	127		
スサモ	125				
スジハゼ	264	**た**			
スジモヨウフグ	298	太平洋系陸封型イトヨ	161		
スジモロコ	081	タイリクシマドジョウ	102		
スシャモ	125	タイリクスズキ	190		
スズキ	189	タイリクバラタナゴ	050		
スチールヘッドトラウト	142	タイワンキンギョ	288		
ズナガニゴイ	090	タイワンドジョウ	291		
スナグリ	020	タウナギ	159		
スナクジ	084	タウナジャア	159		
スナフグ	296	タカチロー	094		
スナホリ	084	タカノハガレイ	293		
スナモグリ	084	タカハヤ	067		
スナモロコ	087	タップミノー	171		
スナヤツメ	020	タドジョウ	096		
スボクチ	080	タナゴ	042		
スミウキゴリ	245	タナゴモドキ	228		
スミナガシ	215	タニバエ	067		
スミヤキ	215	タネカワハゼ	242		
スモールマウスバス	196	タネハゼ	241		
セイ	088	ダボハゼ	283		
セイゴ	189	タメトモハゼ	229		
セイタカヒイラギ	201	タモロコ	081		
セイヨウメダカ	172	タルコ	214		

■和名索引

ダルマハヤ	068	トサカギンポ	218
チカ	127	**ドジョウ**	096
チカダイ	213	ドジョウ	110
チクゼンハゼ	249	トド	167
チチブ	283	**トビハゼ**	230
チチブモドキ	227	ドブウグイ	068
チチルカマサー	287	ドホオズ	220
チヌ	206	トミヨ	163
チャネルキャットフィッシュ	124	トラハゼ	254, 280, 281
チュウガタスジシマドジョウ	103	ドロバエ	067
チョウセンドジョウ	159	ドロボウ	220
チョウセンブナ	289	ドロモロコ	087
チンチン	206	トワダマス	148
ツキリガレイ	293	ドンカチ	220
ツチフキ	087	**トンギョ**	162, 163
ツバサハゼ	219	**ドンコ**	220
ツムギハゼ	255	ドンコ	262
ツラナガ	077	トントンミー	231
テッポウウオ	210	ドンポ	183
デメモロコ	092	**な**	
テラピア	212, 213	**ナイルティラピア**	213
テングヨウジ	166	ナガノゴリ	279
テンジクカワアナゴ	226	ナガブナ	033
トウイユ	288	**ナガレホトケドジョウ**	112
トウカイコガタスジシマドジョウ	105	ナマズ	118
トウカイナガレホトケドジョウ	112	**ナミハゼ**	263
トウカイヨシノボリ	277	**ナンヨウタカサゴイシモチ**	187
トウヨシノボリ	274	**ナンヨウボウズハゼ**	237
トウマル	077	ニガビタ	041
ドウマン	225	ニガブナ	051, 052
ドクカマス	287	ニゴイ	088
トゲウオ	163	ニゴロブナ	032
トゲチョ	161	**ニシシマドジョウ**	101

ニジマス	142	ハリンコ	160
ニッコウイワナ	137	**ヒイラギ**	200
ニッポンバラタナゴ	051	ヒウオ	128, 238
ニナスイ	080	ヒガイ	077
ニホンウナギ	025	**ヒガシシマドジョウ**	101
ヌマガレイ	293	ビタ	041
ヌマチチブ	282	**ヒナイシドジョウ**	100
ヌマドジョウ	096	**ヒナハゼ**	261
ヌマムツ	063	ヒナマズ	122
ネコギギ	115	**ヒナモロコ**	059
ネコノマイ	122	**ヒメツバメウオ**	209
ネズミジャコ	071	**ヒメハゼ**	259
ノゴイ	028	ヒメマス	148
ノボリハゼ	260	ヒラジャコ	039
ノマザッコ	075	ヒラスゴ	092
		ヒラスズキ	191
は		ヒラボテ	039
パーレットマス	139	ヒラメ	154, 156
ハイレン	024	ヒラヨシノボリ	269
ハエ	051, 052, 061	ビリンゴ	250
ハク	167	ヒレナマズ	123
ハクレン	054	ビワコオオナマズ	120
ハゲギギ	114	ビワコガタスジシマドジョウ	108
ハス	060	ビワヒガイ	077
ハゼ	256	**ビワマス**	153
ハチウオ	122	ヒワラ	031
ハナカジカ	185	フ	131
ハナタレ	083	**フクドジョウ**	110
ハヤ	072	フシンギョ	288
ハラジロ	248, 250	フッコ	189
ハリウオ	160, 161	**ブラウントラウト**	141
ハリサバ	161	ブラウンマス	141
ハリヨ	160	**ブラックバス**	194, 196

311

■和名索引

ブルーギル	192
ブルックトラウト	139
ベニザケ	148
ベニマス	148
ベヘレイ	170
ヘラブナ	030
ベンタナ	036
ボウズゴリ	236, 239
ボウズハゼ	236
ボウズモロコ	083
ホオナガ	070
ホシスズキ	190
ホシマダラハゼ	224
ホソモロコ	091
ホトケドジョウ	111
ホトケドジョウ	113
ボヤ	066
ホヤル	079
ボラ	167
ホンゴチ	180
ホンコノシロ	024
ホンマス	154, 156
ホンムツ	232
ホンモロコ	082
ホンモロコ	081

ま

マキ	204
マゴイ	028
マゴチ	180
マスノスケ	151
マダラ	154
マドジョウ	096
マハゼ	256
マブナ	031
マルカ	186
マルスゴ	093
マルタ	069
マルハゼ	254
マルブナ	034, 035
マングローブゴマハゼ	265
ミキュー	216, 217
ミズヌズ	024
ミゾバエ	081
ミツクリセイベ	188
ミナミアカヒレタビラ	047
ミナミクロサギ	205
ミナミトビハゼ	231
ミナミメダカ	175
ミノウオ	186
ミミズハゼ	239
ミヤコタナゴ	036
ミヤベイワナ	134
ミヤラサヨリ	178
ミョーブタ	036
ムギツク	080
ムサシトミヨ	164
ムサシノジュズカケハゼ	253
ムツ	062, 063, 232
ムツゴロウ	232
メソ	025
メヂカ	168
メナダ	168
メロズ	075
モザンビークティラピア	212
モツ	062, 063

モツゴ	074	**ら**	
モロコ	082	ラージマウスバス	194
		ライギョ	290, 291
や		ライヒー	290, 291
ヤエヤマノコギリハゼ	222	ラクダマス	150
ヤガタイサキ	214	リュウキュウアユ	130
ヤギス	208	ルリボウズハゼ	235
ヤスリメ	041	ルリヨシノボリ	270
ヤチウグイ	068	レイクトラウト	140
ヤツメ	020, 023	レインボートラウト	142
ヤツメウナギ	023	レンギョ	054, 056
ヤナギッパ	244	ロウニンアジ	199
ヤナギバエ	079, 094		
ヤナギバヤ	074	**わ**	
ヤナギモロコ	082, 092	ワカサギ	127
ヤマトイワナ	136	**ワタカ**	057
ヤマトゴイ	028		
ヤマドジョウ	111		
ヤマトシマドジョウ	102		
ヤマトマス	156		
ヤマノカミ	181		
ヤマベ	061, 154		
ヤマメ	154		
ヤマモトカンスケ	067		
ヤマンカミ	181		
ヤヤチップ	134		
ヤリタナゴ	037		
ユゴイ	217		
ユダヤガーラ	201		
ヨシノハゼ	253		
ヨツメ	188		
ヨド	179		
ヨロイボウズハゼ	233		

■参考文献

- 天野翔太・酒井治己, 2014. 降海性コイ科魚類ウグイ属マルタ2型の形態的分化と地理的分布. 水産大学校研究報告, 63 (1): 17-32.
- Arai, R., H. Fujikawa, and Y. Nagata, 2007. Four new subspecies of *Acheilognathus* Bitterlings (Cyprinidae:Acheilognathinae) from Japan. Bull. Natl. Mus. Sci., Ser. A, Suppl. 4, pp. 1-28.
- 藤岡康弘, 2009. 川と湖の回遊魚ビワマスの謎を探る. 216pp. サンライズ出版, 滋賀.
- 後藤 晃・森 誠一編, 2003. トゲウオの自然史-多様性の謎とその保全-. 278pp. 北海道大学図書刊行会, 北海道.
- Hosoya,K., H. Ashiwa, M.Watanabe, K.Mizuguchi and T.Okazaki,2003. *Zacco sieboldii*, a species distinct from *Zacco temminckii* (Cyprinidae). Ichthyological Research, 50: 1-8
- Iwata,A and H.Sakai,2002.*Odontobutis hikimius* n. sp.:A new freshwater goby from Japan,with a key to species of the genus. Copeia, 2002(1):104-110.
- Iwatsuki, Y., S. Kimura, and T. Yoshino. 2002.A new species:*Gerres microphthalmus* (Perciformes Gerreidae) from Japan with notes on limited distribution, included in the "*G.filamentosus* complex". Ichthyological Research, 49:133-139.
- 片野 修・森 誠一監修・編, 2005. 希少淡水魚の現在と未来：積極的保全のシナリオ. xvi+416pp. 信山社, 東京.
- 加藤陸奥雄・沼田眞・渡部景隆・畑正憲監修, 1995. 日本の天然記念物. 1101pp. 講談社, 東京.
- 環境省編, 2003. 改訂・日本の絶滅のおそれのある野生生物：レッドデータブック, 4汽水・淡水魚類. 16+230pp., 16pls. ㈶自然環境研究センター, 東京.
- 川那部浩哉・水野信彦・細谷和海編・監修, 2005. 山渓カラー名鑑：日本の淡水魚. 719pp. 山と渓谷社, 東京.
- 馬淵浩司・瀬能 宏・武島弘彦・中井克樹・西田 睦, 2010. 琵琶湖におけるコイの日本在来mtDNAハプロタイプの分布. 魚類学雑誌, 57 (1):1-12.
- 松沢陽士・瀬能 宏, 2008. 日本の外来魚ガイド. 160pp. 文一総合出版, 東京.
- 宮地傳三郎・川那部浩哉・水野信彦, 1976. 原色日本淡水魚類図鑑. 全改訂新版. 462pp., 56pls. 保育社, 大阪.
- 水野信彦・後藤 晃編, 1987. 日本の淡水魚類：その分布、変異、種分化をめぐって. ix+244+33pp. 東海大学出版会, 東京.
- 向井貴彦・渋川浩一・篠崎敏彦・杉山秀樹・千葉 悟・半澤直人, 2010. ジュズカケハゼ種群：同胞種群とその現状. 魚類学雑誌, 57 (2):173-176.
- 向井貴彦・鈴木寿之, 2005. 沖縄島で採集されたマングローブゴマハゼ (新称). 日本生物地理学会会報, 60：69-74.
- 望月賢二監修, 1997. 図説魚と貝の大辞典. 索引497+76 pp. 柏書房, 東京.
- 中坊徹次編, 2013. 日本産魚類検索：全種の同定 第三版. xlix+2430pp. 東海大学出版会, 東京.

- 中坊徹次編監修, 2018. 日本魚類館. 小学館.
- 中坊徹次・望月賢二編, 1998. 日本動物大百科：魚類. 206pp. 平凡社, 東京.
- 中島 淳・洲澤 譲・清水孝昭・斉藤憲二, 2012. 日本産シマドジョウ属魚類の標準和名の提唱. 魚類学雑誌, 59(1):86-95.
- 中村守純, 1963. 原色淡水魚類検索図鑑. 258pp. 北隆館, 東京.
- 中村守純, 1969. 日本のコイ科魚類：日本産コイ科魚類の生活史に関する研究. 資源科学シリーズ4. 455pp, 2col. pls., 149pls. 資源科学研究所, 東京.
- 日本魚類学会編, 1981. 日本産魚名大辞典. vii, 834pp. 三省堂, 東京.
- Sakai, H. and S. Amano. 2014. A New Subspecies of Anadromous Far Eastern Dace, *Tribolodon brandtii maruta* subsp.nov.(Teleostei,Cyprinidae) from Japan. Bull. Natl. Mus. Sci., Ser. A, 40(4): 219-229.
- 酒ধ治己・田中善樹・辻井浩志・岩田明久・池田 至, 1999.遺伝的に著しく異なるドンコ2グループの高津川水系およびその近隣河川における分布.魚類学雑誌, 46(2):109-114.
- 瀬能宏・鈴木寿之・渋川浩一・矢野維幾, 2004. 決定版日本のハゼ. 534pp. 平凡社, 東京.
- 鈴木寿之・坂本勝一, 2005. 岐阜県と愛知県で採集されたトウカイヨシノボリ（新称）. 日本生物地理学会会報, 60：13-20.
- 諸喜田茂充,1986.沖縄の危険生物.150pp.沖縄出版,沖縄.
- 小学館編, 2008. 食材図典Ⅲ：地産食材篇. 383pp. 小学館, 東京.
- 田口哲, 1990. 日本の魚（淡水編）. 255pp. 小学館, 東京.
- 富永浩史・渡辺勝敏, 2010. カマツカ種群の形態分化. 2010年度日本魚類学会年会講演要旨, p.15.

■ 参考ホームページ
- 日本魚類学会 http://www.fish-isj.jp/index.html

■ 撮影・取材協力
稲葉暢弘、今村淳二、宇仁菅諭、牛丸恒明、遠藤広光、小田博之、小原昌和、加藤源久、菊池基弘、北村章二、倉津正敏、斉藤浩一、佐土哲也、沢本良宏、関 慎太郎、瀬能 宏、竹内健、谷 敬志、鉄多加志、中井克樹、長久秀俊、西尾正輝、原田貴晴、藤本治彦、舩木 学、穂刈譲、町田吉彦、光岡呂浩、宮崎紀幸、村上正志、森田康弘、矢島秀一、谷田川勝男、横山達也、アクアマリンふくしま、アクアワールド茨城県大洗水族館、大阪市水道記念館、鴨川シーワールド、木曽川漁業協同組合、岐阜県海津市教育委員会、魚介の豊宝大幸、さいたま水族館、(独)水産総合研究センターさけますセンター虹別事業所、(独)水産総合研究センター中央水産研究所内水面研究部、千歳サケのふるさと館、東京都井の頭自然文化園、中禅寺湖漁業協同組合、氷見市教育委員会、北海道大学苫小牧研究林

著者

松沢陽士（まつざわ・ようじ）…1969年、千葉県生まれ。東海大学海洋学部水産学科卒業。水中生物写真家として淡水魚、海水魚、水の生物を広く撮影。水中写真はもちろん、図鑑には欠かせない標本写真も手がける。著書に『日本の外来魚ガイド』（文一総合出版、共著）、小学館図鑑NEO『魚』『水の生物』『原寸大すいぞく館』（小学館、共著）など。

松浦啓一（まつうら・けいいち）…1948年、東京都生まれ。北海道大学大学院水産学研究科博士課程修了。水産学博士。1979年に国立科学博物館に就職。専門は魚類学。アメリカ魚類両生・爬虫類学会名誉会員。東京大学大学院理学系研究科教授（兼任）。GBIF（地球規模生物多様性情報機構）副議長。

ポケット図鑑 日本の淡水魚258

2011年8月28日	初版第1刷発行
2021年6月10日	初版第3刷発行

著者 ● 松沢陽士
監修 ● 松浦啓一
デザイン ● 國末孝弘（ブリッツ）
発行者 ● 斉藤 博
発行所 ● 株式会社 文一総合出版
〒162-0812 東京都新宿区西五軒町2-5 川上ビル
Tel：03-3235-7341（営業）　03-3235-7342（編集）
Fax：03-3269-1402
https://www.bun-ichi.co.jp
郵便振替 ● 00120-5-42149
印刷 ● 奥村印刷株式会社

乱丁・落丁本はお取り替え致します。
©Yoji Matsuzawa 2011　ISBN978-4-8299-8300-3
NDC487　105×148mm　Printed in Japan

JCOPY　〈(社)出版者著作権管理機構 委託出版物〉

本書の無断複写は著作権法上での例外を除き禁じられています。複写される場合は、そのつど事前に、(社)出版者著作権管理機構（電話03-3513-6969、FAX 03-3513-6979、e-mail：info@jcopy.or.jp）の許諾を得てください。また、本書を代行業者等の第三者に依頼してスキャンやデジタル化することは、たとえ個人や家庭内での利用であっても一切認められておりません。

文一総合出版の ハンドブックシリーズ
新書判／64～176ページ／オールカラー
（2021年4月現在、定価は10％税込み）

クモハンドブック
馬場友希・谷川明男／著
定価1,650円
屋内から林で見られるクモ100種の識別図鑑。クモの生態解説付き。

ハムシハンドブック
尾園 暁／著
定価1,540円
庭や公園、畑、森などに生育する身近な植物につくハムシ（葉虫）200種の識別図鑑。

ハチハンドブック
藤丸篤夫／著
定価1,540円
多様な形態と生態をもつハチ類を、身近なもの、目に付きやすいものを中心に107種掲載。

どんぐりハンドブック
いわさゆうこ／著　八田洋章／監修
定価1,320円
日本産どんぐり（ブナ科の果実）22種をイラストや原寸大の写真で紹介。

野鳥と木の実ハンドブック増補改訂版
叶内拓哉／写真・文
定価1,540円
木の実をヒントに鳥を楽しむ本。木の実93種、草の実16種を掲載。

クモの巣ハンドブック
馬場友希・鈴木佑弥・谷川明男／著
定価1,650円
74パターンの巣・クモ約150種を掲載。

ハエトリグモハンドブック
須黒達巳／著
定価1,980円
日本に生息するハエトリグモ約100種の識別図鑑。見つけ方も紹介。

虫の卵ハンドブック
鈴木知之／著
定価1,760円
野山や街中に生息する虫、約270種の卵を紹介。虫の卵を「探す」「調べる」ヒントが満載。

樹皮ハンドブック
林将之／著
定価1,320円
身近な樹木と有用樹、合わせて158種の樹皮3態（若木・成木・老木）の図鑑。

カタツムリハンドブック
武田晋一／写真　西 浩孝／解説
定価1,760円
日本に800種が知られるカタツムリのうち約150種を収録したフィールド図鑑。

身近な草木の実とタネハンドブック
多田多恵子／著
定価1,980円
身近な草木約161種のタネが散布される仕組みを詳しく紹介。

シダハンドブック

北川淑子／著
林将之／スキャン写真
定価1,320円

町中や近くの山でよく見かけるシダの基本50種とその関連種、合わせて約80種を掲載。

昆虫の集まる花ハンドブック

田中肇／文・写真
定価1,320円

昆虫により花粉が運ばれる虫媒花142種の花の形と受粉の仕組みを紹介。

イネ科ハンドブック

木場英久・茨木靖・勝山輝男／著
定価1,980円

農業や園芸の有用植物、また雑草として知っておきたいイネ科植物134種類の図鑑。

タナゴハンドブック

佐土哲也／文　松沢陽士／写真
定価1,540円

日本のタナゴ類全種と亜種18種を掲載したタナゴ図鑑の決定版。

スイレンハンドブック

川島淳平／著
定価1,320円

国内に自生するスイレン科の植物を中心に、識別ポイントや開花時期、育て方を紹介。

朽ち木にあつまる虫ハンドブック

鈴木知之／著
定価1,540円

朽ち木に集まる約150種の昆虫を掲載し、その多様性にもスポットを当てた図鑑。

虫こぶハンドブック

薄葉重／著
定価1,320円

身近な植物に見られる126種の虫こぶを解説したユニークなフィールド図鑑。

落ち葉の下の小さな生き物ハンドブック

皆越ようせい／文・写真
渡辺弘之／監修
定価1,760円

ミミズ22種に加え、落ち葉の下や土の中で見つかる169種の土壌動物の図鑑。

冬虫夏草ハンドブック

盛口満／著　安田守／写真
定価1,540円

比較的目にしやすい81種の冬虫夏草を写真で紹介した初の図鑑。

オトシブミハンドブック

安田守・沢田佳久／著
定価1,320円

ユニークな形の日本産オトシブミ全21種と、よく似た仲間のチョッキリ19種を紹介。

幼魚ハンドブック
小林安雅／著
定価1,540円

ダイビングやスノーケル、磯遊びの際に見られる幼魚200種を見分けるための図鑑。

クワガタムシハンドブック増補改訂版
横川忠司／著
定価1,980円

日本のクワガタムシ全種の識別法や生態、飼育方法、採集方法などを掲載。

海辺のエビ・ヤドカリ・カニハンドブック
渡部哲也／著
定価1,540円

干潟や海岸のエビ、ヤドカリ、カニの仲間を約130種紹介。

ウニハンドブック
田中 颯・大作晃一・幸塚久典／著
定価1,980円

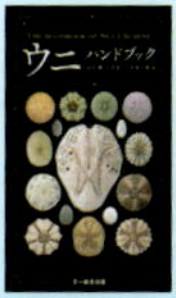

日本の海岸で入手できる可能性が高いウニ103種を掲載したハンディ図鑑。

アリハンドブック増補改訂版
寺山守／解説
久保田敏／写真
定価1,540円

公園や庭、林などの身近な環境で見られるアリ約80種の識別図鑑。

サンゴ礁のエビハンドブック
峯水 亮／著
定価1,760円

ダイバーが観察しやすい海辺から水深30mほどのサンゴ礁域で観察できるエビ266種の識別図鑑。

昆虫の食草・食樹ハンドブック
森上信夫・林将之／著
定価1,320円

チョウの仲間を中心に、代表的な昆虫82種とその食草・食樹68種を紹介。

新訂 水生生物ハンドブック
刈田敏三／著
定価1,540円

身近な川で観察できる約75種の水生生物の図鑑。川の水質がわかる12段階のスケール付き。

イモムシハンドブック
安田守／著
高橋真弓・中島秀雄／監修
定価1,540円

庭や公園、畑、公園などに見られるチョウ・ガ類の幼虫であるイモムシ226種の図鑑。

海辺で拾える貝ハンドブック
池田等／文
松沢陽士／写真
定価1,540円

タカラガイの仲間を中心に、海辺で拾える貝殻約150種を紹介。

世界のカワセミハンドブック

大西敏一／著
定価1,320円

バードウォッチャーに人気の高いカワセミ類70種を掲載。

プランクトンハンドブック淡水編

中山 剛・山口晴代／著
定価1,980円

日本の一般的な池や湖で見られる、水の中で暮らす微生物「プランクトン」を見分けるためのハンディ図鑑。

タカ・ハヤブサ類飛翔ハンドブック

山形則男／著
定価1,540円

タカ類の成鳥や幼鳥、雌雄、さまざまなタイプを識別できる図鑑。

ゲンゴロウ・ガムシ・ミズスマシハンドブック

三田村敏正・平澤 桂・吉井重幸／著 北野 忠／監修
定価1,980円

ゲンゴロウを中心に水生の甲虫160種の識別図鑑。

新訂カモハンドブック

叶内拓哉／著
定価1,540円

日本産カモ46種と、カモ類とよく間違えられる種や家禽類の識別図鑑。

タガメ・ミズムシ・アメンボハンドブック

三田村敏正・平澤 桂・吉井重幸／著 北野 忠／監修
定価1,760円

タガメやタイコウチを中心に水生のカメムシ目89種の識別図鑑。

シギ・チドリ類ハンドブック

氏原巨雄・氏原道昭／著
定価1,320円

野鳥の中でも識別の難しいシギ・チドリ類を取り上げ、イラストで識別ポイントを紹介。

ヤゴハンドブック

尾園 暁・川島逸郎・二橋 亮／著
定価1,760円

日本産トンボ目全204種のうち、121種のヤゴ(終齢幼虫)識別図鑑。

新 海鳥ハンドブック

箕輪義隆／著
小田谷嘉弥／監修
定価1,980円

日本近海で記録のある、飛来が期待される92種の海鳥を、精緻なイラストで紹介。

セミハンドブック

税所康正／著
定価1,760円

日本のセミ全種(33種+解説4種)を調べられるハンディ図鑑。各種の鳴き声も聞くことができる。